Schlussbericht

Verbundprojekt Hy-FiVE:

Hybride Fügetechnologie für Verbindungen im maritimen Einsatz

Vorhaben: Entwicklung einer hybriden Verbindung im TFP-Verfahren und Analyse der Auswirkungen des Fügeprozesses auf textile Strukturen

Laufzeit des Vorhabens:	05/2020 – 12/2023
Förderkennzeichen:	03SX511C
Zuwendungsempfänger:	Faserinstitut Bremen e.V. Am Biologischen Garten 2 28359 Bremen Germany

Autor: Dipl.-Ing. Alexander Marx

Co-Autor: Dr.-Ing. Patrick Schiebel

Bremen, 30.06.2024
Ort, Datum

i. A. P. Schiebel
Unterschrift des Projektleiters an der Forschungsstelle

Bibliografische Information der Deutschen Nationalbibliothek:
Die Deutsche Nationalbibliothek verzeichnet diese Publikation in der Deutschen Nationalbibliografie; detaillierte bibliografische Daten sind im Internet über http://dnb.d-nb.de abrufbar.

Die **Forschungsberichte aus dem Faserinstitut Bremen**
Erscheinen in unregelmäßiger Folge.
Herausgegeben vom
Faserinstitut Bremen e.V. -FIBRE-
Am Biologischen Garten 2
D-28359 Bremen

Der vorliegende Band erscheint als Nr. 76 dieser Reihe.

Autoren: Alexander Marx, Patrick Schiebel
Titel: Hybride Fügetechnologie für Verbindungen im maritimen Einsatz hyfive
Vorhaben: Entwicklung einer hybriden Verbindung im TFP-Verfahren und Analyse der Auswirkungen des Fügeprozesses auf textile Strukturen

Verlag: BoD • Books on Demand GmbH, In de Tarpen 42, 22848 Norderstedt
Druck: Libri Plureos GmbH, Friedensallee 273, 22763 Hamburg

ISBN dieses Bandes: 978-3-7597-7974-8
ISSN der Reihe: 1618-7016

Danksagung

Das Maritimes Forschungsprogramm HyFiVE wurde durch das Bundesministerium für Wirtschaft und Klimaschutz aufgrund eines Beschlusses des Deutschen Bundestages gefördert. Dafür möchten wir uns bedanken.

Darüber hinaus gilt der Dank den beteiligten Projektpartnern SAERTEX GmbH & Co.KG, Fritz Moll Textilwerke GmbH & Co. KG, Hyconnect GmbH, EIKBOOM GmbH, ar engineers GmbH, Schweißtechnische Lehr- und Versuchsanstalt Halle GmbH und SKZ KFE gGmbH für die gute und erfolgreiche Zusammenarbeit und die Unterstützung bei den Forschungsarbeiten.

Kurzfassung

Ziel des Verbundvorhabens Hy-FiVE war es, für unterschiedliche Anwendungen im Schiffbau geeignete, klebefreie Fügetechnologien zu identifizieren und Prozesse sowie Methoden zu entwickeln, zu evaluieren und auf die Spezifika des Schiffbaus hin zu demonstrieren. Faserinstitut Bremen e.V. erarbeitete ein hybrides Textil im Tailored Fiber Placement Verfahren, das lokal Stahlfasern zum Anbinden an Stahlbauteile aufweist. Zudem bietet das Tailored Fiber Placement Verfahren die Möglichkeit kraftflussgerechte Einleger aus Glasfasern oder Kohlenstofffasern zu entwickeln und so die Fügezone des Faserverbundwerkstoffes gezielt zu verstärkten. Mit dem Fachwissen zur Fertigung und Verarbeitung von Faserverbundwerkstoffen unterstützte das Faserinstitut die Projektpartner bei der Auswahl geeigneter hybrider Verbindungen sowie der Charakterisierung dieser. Ein Schwerpunkt lag für Faserinstitut dabei darauf, den Einfluss des Fügens der hybriden Verbindungen auf die Verstärkungsfasern zu bestimmen.

Durch den potenziellen Einsatz von hybriden Verbindungen kann der Nutzen aus Leichtbaumaterialien im Schiffbau voranschreiten, die Prozesszeiten auf den Werften halbieren und gänzlich neue Designs und Konzepte ermöglichen. Durch die strategische Integration von klebefreien Verbindungen entfallen enorme Zulassungshürden und eine vereinfachte prozesssichere Umsetzung von Leichtbaukonzepten im Schiffbau wird ermöglicht.

Abstract

The aim of the Hy-FiVE joint project was to identify suitable, adhesive-free joining technologies for various applications in shipbuilding and to develop, evaluate and demonstrate processes and methods for the specifics of shipbuilding. Faserinstitut Bremen e.V. developed a hybrid textile using the Tailored Fiber Placement process, which uses local steel fibers for linking to steel components. In addition, the tailored fiber placement process offers the possibility of developing force-flow-compatible inserts made of glass fibers or carbon fibers and thus specifically reinforcing the joining zone of the fiber composite material. With its expertise in the production and processing of fibre composites, the Faserinstitut supported the project partners in the selection of suitable hybrid joints and the characterization of these. One focus for Faserinstitut was to determine the influence of joining the hybrid compounds on the reinforcing fibers.

The potential use of hybrid joints can advance the use of lightweight materials in shipbuilding, halve process times in shipyards and enable completely new designs and concepts. The strategic integration of adhesive-free connections eliminates enormous approval hurdles and facilitates the reliable implementation of lightweight construction concepts in shipbuilding.

hyfive

Inhaltsverzeichnis

1. Kurzdarstellung

Der Einsatz von Leichtbaumaterialien im Schiffbau, hier vorwiegend Faserverbundwerkstoffe, schreitet voran [1]. Durch neue Entwicklungen, insbesondere in der Produktionstechnik, aber auch im Brandschutz, rücken Leichtbaustrukturen vermehrt in den Bereich der breiten Anwendung. Allerdings sind immer noch große Bereiche der Schiffstrukturen aus Metall gefertigt. Daher sind entsprechende Fügetechnologien von Faserverbund und Metall ein wichtiger Schlüssel zur erfolgreichen Umsetzung von Leichtbau im Schiffbau. Kleben als Fügetechnologie ist aber für den Schiffbau in der breiten Anwendung für Bauteile und Strukturen derzeit nicht geeignet. Durch die Komplexität des Prozesses in Vorbereitung und Durchführung, aber besonders in der mangelnden Möglichkeit der zerstörungsfreien Prüfung, werden Klebeverbindungen oft nicht oder nur nach langwierigen Evaluationen zugelassen. Auch in der Auslegung und Berechnung von Klebeverbindungen ist keine einheitliche Methode oder Berechnungsvorschrift vorhanden. Diese Komplexität entsteht durch das Einbringen eines zusätzlichen Werkstoffes: den Klebstoff. Eine Alternative sind klebefreie Verbindungen, die ohne das Einbringen eines Zusatzwerkstoffes Metall- und Faserverbundstrukturen verbinden. Diese minimeren sowohl den Fertigungsaufwand als auch den Aufwand in Zertifizierung/Zulassung und Berechnung. Weiter sind diese Verbindungen durch zerstörungsfreie Prüfmethoden prüfbar. Allerdings sind diese Methoden bisher nicht im Schiffbau zum Einsatz gekommen und nur für kleinere Bauteile entwickelt worden. Auch die Auswirkungen in allen Lebenszyklen des Schiffbaus für das direkte Zusammenbringen von gänzlich unterschiedlichen Werkstoffen muss untersucht werden.

1.1 Aufgabenstellung

Ziel dieses Entwicklungsprojektes war es, für unterschiedliche Anwendungen im Schiffbau geeignete klebefreie Fügetechnologien zu identifizieren und Prozesse und Methoden zu entwickeln, zu evaluieren und auf die Spezifika des Schiffbaus hin zu demonstrieren. Durch den potenziellen Einsatz solcher Verbindungen kann der Nutzen aus Leichtbaumaterialien im Schiffbau weiter voranschreiten, die Prozesszeiten auf der Werft halbieren und gänzlich neue Designs und Konzepte ermöglichen. Durch die strategische Integration von klebefreien Verbindungen entfallen enorme Zulassungshürden und eine vereinfachte Umsetzung von Leichtbaukonzepten im Schiffbau wird ermöglicht.

Es leiten sich folgende spezifische Ziele für Faserinstitut ab:

- Entwicklung und Charakterisierung leistungsfähiger, lastgerechter und klebefreier Verbindungselemente für den maritimen Einsatz
- Entwicklung, Fertigung und Charakterisierung einer hybriden TFP Preform durch das gezielte Einbringen und Anschweißen von Stahlfasern
- Ermittlung des Einflusses des Fügeprozesses auf die textile Struktur
- Entwickelung eines einheitlichen Prüfstandards und Geometrien für hybride Verbindungen
- Entwicklung eines FEM Simulationsmodell der hybriden Verbindungen

1.2 Voraussetzungen, unter denen das Vorhaben durchgeführt wurde

In diesem Forschungsvorhaben erfolgte eine enge Zusammenarbeit mit den Projektpartnern SAERTEX GmbH & Co.KG, Fritz Moll Textilwerke GmbH & Co. KG, Hyconnect GmbH, EIKBOOM GmbH, ar engineers GmbH, Schweißtechnische Lehr- und Versuchsanstalt Halle GmbH und SKZ KFE gGmbH.

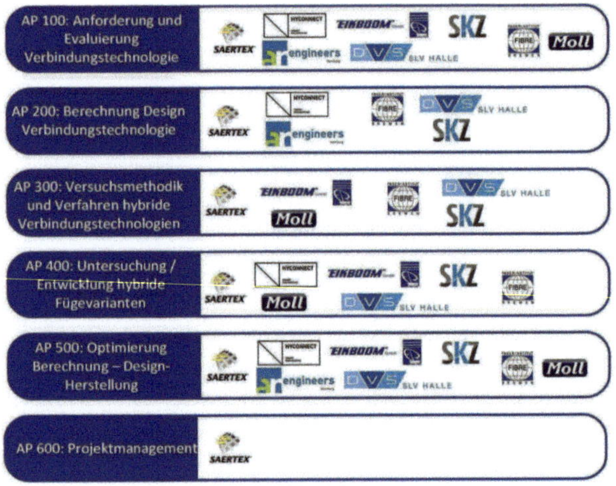

Abbildung 1: Zusammenarbeit im HyFiVE Konsortium

Die Firma Saertex übernahm die Projektleitung und war damit ein zentraler Partner bei der Koordination der einzelnen Partner. Die Arbeitsanteile des Faserinstituts waren auf die Arbeitspakete 100 bis 500 verteilt. Dabei unterstützt das Faserinstitut die Projektpartner im gesamten Projekt bei ihren Arbeiten. In AP 100 erfolgte die Anforderung und Evaluierung der hybriden Verbindungen. In AP 200 wurden die Grundlagen zum Berechnen der hybriden Verbindungen festgelegt sowie das Design der Prüfkörper. In AP 300 wurde die Versuchsmethodik zum Charakterisieren der hybriden Verbindung festgelegt und erste Versuche zum Fertigen und Charakterisieren durchgeführt. Kern des Projektes bildete das AP 400 und das AP 500. In AP 400 fand die Entwicklung, Fertigung und Prüfung der hybriden Verbindungen statt. Parallel dazu erfolgt in AP 500 die Entwicklung der Demonstratoren und Evaluierung der schiffbaulichen Produktion und Skalierung der Tests. Durch die parallele Bearbeitung der beiden APs wurden die funktionalen Verbinder entwickelt und dann bereits auf schiffbaulichen Maßstab skaliert, um die Produktionsaspekte und deren Auswirkungen zu evaluieren. So konnte sichergestellt werden, dass die Entwicklungen im Projekt den schiffbaulichen Anforderungen auch in dem Aspekt der Produktion genügen und nicht nur im Labormaßstab ihre Gültigkeit haben. Von Seiten des FIBRE erfolgte die Auftragsvergabe an Dritte, um Brandversuche durchzuführen.

1.3 Wissenschaftlicher und technischer Stand zu Beginn

Im Tailored Fiber Placement (TFP) Verfahren werden Rovings zweidimensional auf einem Stickgrund abgelegt und mittels eines Nähfadensystems fixiert. Die Ablage erfolgt dabei an modifizierten Stickmaschinen. Mit dem TFP Verfahren lassen sich belastungsgerechte Preforms herstellen die einen geringen Verschnitt aufweisen. Das Verfahren verfügt über eine hohe Reproduzierbarkeit bei gleichzeitig hoher Automatisierbarkeit. Ähnlich einer konventionellen Nähmaschine wird die Nadel mitsamt dem Oberfaden nach unten geführt, um mit dem Greifer und Unterfaden einen Nähstich auszubilden. Der Stickkopf mit der Rovingführung kann um die Nadel rotieren und richtet so die gewählte Ablagerichtung aus. Der Stickgrund ist fest mit dem Spannrahmen auf dem Sticktisch verspannt und kann so in der Ebene verfahren werden. Gemäß der konstruierten Ablagebahn verfährt der Spannrahmen synchron und macht mit der Rovingführung eine alternierende Seitwärtsbewegung, so dass sich ein Zickzackstich ausbildet. [2]

Der TFP-Prozess ermöglicht eine vorhersagbare Platzierung von Verstärkungsfasern, die in Belastungsrichtung ausgerichtet sind, mit hoher Präzision bei der Positionierung und einer variablen Anordnung der Verstärkungsfasern. [3]

Heute wird das TFP Verfahren erfolgreich für die Fertigung von textilen Preforms in unterschiedlichen Anwendungsfeldern verwendet. Daher Bedarf es für die Fertigung der Struktureinleger aus Glas- oder Kohlenstofffasern keiner weiterer Entwicklung. Allerdings erfordert im Leichtbau die hohe Dichte von Stahlfasern einen lokalen Einsatz an wesentlichen Punkten. Daher besteht der Ansatz darin, die Technologie des maßgeschneiderten Fasereinbringens zu nutzen, um Stahlfasern gezielt zu platzieren und sie in einen GF-Stapel zu einem Hybridverbund zu integrieren.

In mehreren durchgeführten Projekten konnte am FIBRE die TFP Technologie zum lokalen Versteifen von Anbindungspunkten eingesetzt werden. Beispielhaft zu nennen ist das IGF Vorhaben (17656 N/1) "Kraftflussgerechte Verstärkungselemente für Lasteinleitungsbereiche von langfaserverstärkten Thermoplastbauteilen (Pressformschlaufen)". Hier wurden Verstärkungselemente aus Kohlenstofffasern im TFP Verfahren entwickelt. Mittels Topologieoptimierung wurden für verschiedene Lastfälle die Hauptspannungsverläufe an einer ebenen Platte bestimmt und für mehrere Geometrievarianten Verstärkungselemente im TFP Verfahren entwickelt, hergestellt und in den Formpressprozess integriert.[4]

Konventionelle strukturelle Verstärkungsfasern wie Kohlenstoff- oder Glasfasern zeichnen sich durch hohe Festigkeit und geringes Dehnungsverhalten aus. Die Kombination verschiedener Fasermaterialien in einem Hybridverbund erzeugt ein besseres Gleichgewicht in den mechanischen Eigenschaften, führt jedoch zu einer schwierigeren Vorhersage seiner Eigenschaften [5]. Aufgrund dieser Eigenschaften erhöht die Kombination von kontinuierlichen duktilen Stahlfasern (SF) mit konventionellen Verstärkungsfasern die Duktilität und Bruchzähigkeit von FVK. Die Dehnung bis zum Versagen dieser Kombination ist drei- bis viermal höher als die von herkömmlichen Laminaten aus Glas- oder Kohlenstofffasern [6]. Die meisten für die Hybridisierung von FVK verwendeten Stahlfasern weisen im Vergleich zu herkömmlichen Verstärkungsfasern hohe Dehnungseigenschaften (>15%) auf, jedoch geringe Festigkeit (<1 GPa) und hohe Durchmesser (30 μm) [7-8]. Abgesehen von den mechanischen Eigenschaften haben Stahlfasern zusätzliche Vorteile, wie die Möglichkeit, verschiedene neue Funktionen in Verbundteile zu integrieren, beispielsweise die elektrische Leitfähigkeit zur Blitzableitung [9].

Im IGF Vorhaben (18785 BG) FAUSST des CMT in Hamburg wurde die Eignung der Stahlfasern als Verbindungstechnologie zwischen FVK und Stahl aufgezeigt. An ein Hybridgewirke, das aus Stahlfasern und Glasfasern besteht, wird ein metallischer Verbinder geschweißt, der wiederrum als Anschlusselement an eine Stahlstruktur dient. Der textile Teil des Hybridverbundes wird mit einem duroplastischen Harzsystem imprägniert. Nach dem Aushärten resultiert eine FVK-Struktur mit angebundenem Stahlflansch. Vorteile im Vergleich zu Klebe- oder Nietverbindungen sind kurze Überlappungsnähte, faseroptimierte Lastübertragung und höhere Prozessgeschwindigkeiten.[10]

1.4 Zusammenarbeit mit anderen Stellen

Die Eingliederung der vom Faserinstitut Bremen e.V. (FIBRE) bearbeiteten Aufgaben in das Gesamtprojekt erfolge entlang der gesamten Prozesskette. Durch die Beteiligung des FIBRE an allen technischen Arbeiten ist eine enge Vernetzung und regelmäßige Absprachen mit den Projektpartnern durchgeführt worden. Der zeitliche Ablauf des Projekts kann dem Projektplan in Abbildung 2 entnommen werden

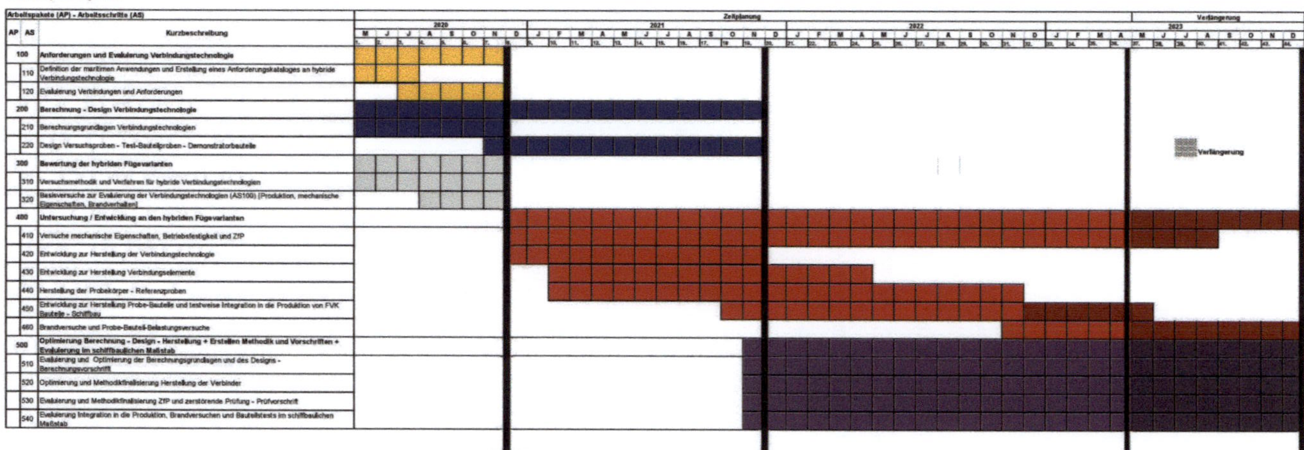

Abbildung 2: Arbeits- und Zeitplan des Vorhabens HyFiVE

2. Eingehende Darstellung des Projekts

Gemäß dem Muster zur Schlussberichterstellung werden nachfolgend die erzielten Ergebnisse im Einzelnen, mit Gegenüberstellung der vorgegebenen Ziele eingehend dargestellt.

2.1 Erzielten Ergebnisses

2.1.1 AP 100 Anforderungen und Evaluierung Verbindungstechnologie

Ziele des Arbeitspakets:

- Definition eines Anforderungsprofils der klebefreien hybriden Verbindungstechnologien
- Beschreiben von mindestens drei Anwendungsfälle aus FVK und Stahl und deren Anbindung zueinander für die schiffbaulichen Anforderungen
- Bewertung der Anforderungen und Eigenschaften der Verbindungstechnologien in Form einer Risikoanalyse
- Auswahl expliziter Fügevarianten jeder Verbindungstechnologie

Im Projekt erzielte Ergebnisse:

- Katalog der Verbindungstechnologien mit deren derzeit bekannten Eigenschaften und notwendigen Informationen
- Anforderungskatalog aus den schiffbaulichen Anwendungen
- Auswahl von zwei Fügevarianten für die weitere Entwicklung ausgewählt

Detaillierte technische Beschreibung der vom FIBRE durchgeführten Arbeiten

Seitens der Projektpartner wurden folgende maritime Anwendungsfälle zur Verfügung gestellt und im Konsortium diskutiert:

- Mastgarten, Anbauten an die obere Deckstruktur
- Schornsteinverkleidungen
- Verkleidungen und Elemente im Außenbereich / Gästebereich
- Aufbauten
- Balkonstrukturen
- Innenwände und Verkleidungen
- Schanzkleid

Acht potentielle Methoden (Abbildung 3) zum Verbinden von Metallen und FVK wurden bewertet. Dabei hat das Faserinstitut seine Erfahrungen mit den Verbindungen von Metallen und FVK, insbesondere der hybriden Verbindungstechnologien (Methode 8), eingebracht. Als Ergebnis erweisen sich die Methode 6 „Vernähen ebener überlappender Metall FVW Schichten" und Methode 7 „Hybrid Fabrics aus

Metalldrähten oder Garnen mit Verstärkungsfasern" als zielführend und werden im Rahmen des Projektes weiterverfolgt. Beide ausgewählte Verfahren können vom FIBRE auf der TFP-Anlage umgesetzt werden.

Methode	Schema	Beispiel
[1] Fügen durch den Einsatz einer thermoplastischen Matrix (ähnlich Kleben)		
[2] Oberflächenmodifikation zur verbesserten Adhäsion	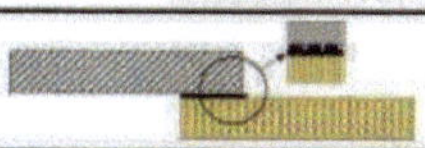	
[3] Schäften und Überlappen von metallischen Anteilen und FVW-Verstärkungsfasern vor dem Laminieren zur Vergrößerung der Verbindungsflächen		
[4] Einbringen von mechanischen Barrieren auf Makroebene (Bolzen, Spotwelding, etc.)		
[5] Einbringen von mechanischen Barrieren auf Mikroebene (Haken auf Oberfläche, etc.)		
[6] Vernähen oder ähnlich von Ebenen überlappender Metall-FVW Schichten vor dem Laminieren		
[7] Verwirken, Weben, etc. von Metalldrähten oder Garnen mit FVW-Verstärkungsfasern (Hybrid Fabrics)		
[8] Einbetten der FVW-Verstärkungsfasern in Metall (Druckguss, Sintern, etc.)		

Abbildung 3:Potentielle Methoden zum Verbinden von FVK und Metallen

2.1.2 AP 200 Berechnung – Design Verbindungstechnologie

Ziele des Arbeitspakets:

- Entwicklung von Berechnungs- und Designmethoden, mittels CAD, FEM und analytischen Methoden für die in AP100 ausgewählten Verbindungstechnologien
- Erarbeiten von Designvarianten und einer Methodik für hybride Verbinder

Im Projekt erzielte Ergebnisse:

- Grundlegende analytische, mit FEM gestützte Berechnungsmethodik, welche mittels Versuche validiert ist
- weiterführende Designmethodik zur Auslegung von Bauteilgeometrien
- Methodik für den Brandschutz und deren Auslegung für den hybriden Bereich ist entwickelt
- Die Methoden wurden für den Bau der Proben und Demonstratorbauteile genutzt und evaluiert. Die Ergebnisse dienen dabei dem Meilenstein 2

Detaillierte technische Beschreibung der vom FIBRE durchgeführten Arbeiten

Zur Umsetzung war die Beschaffung der Auslegungssoftware EDOstructure der Complex Fiber Structures GmbH für das Tailored Fiber Placement Verfahren erforderlich. Mit Hilfe der Software lassen sich, auf der Grundlage der Hauptspannungen, die lastpfadgerechten Faserverläufe für den TFP-Prozess ermitteln. Die Auslegung für den Lastfall Pull-Out (Auszug) ist exemplarisch in Abbildung 4 dargestellt.

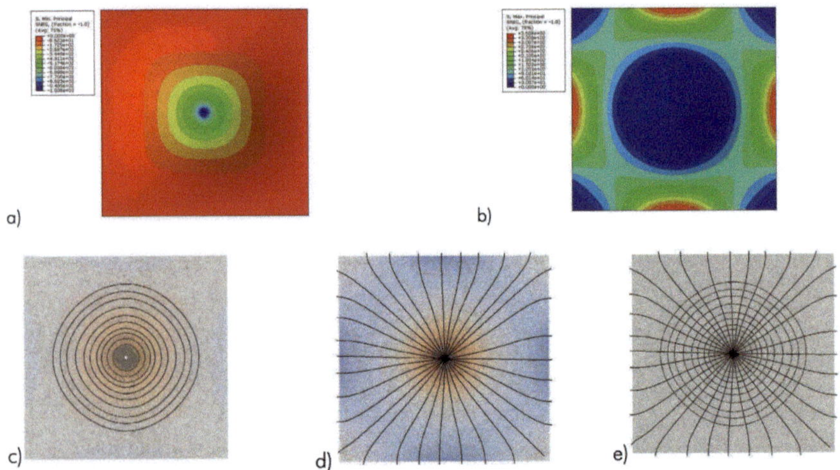

Abbildung 4: Auslegung mittels EDOstructure: a) & b) ermittelte Hauptspannungen 1 und 2; c) & d) Faserverlauf für Hauptspannungen; e) kombinierter Faserverlauf-Vorschlag

Auf der Grundlage der ermittelten mechanisch optimierten Faserverläufe wurden sieben fertigungsgerechte Preform-Geometrien für einen Faserverlauf abgeleitet, siehe Abbildung 5. Die Geometrien 1-4 sind dabei jeweils einlagig, die Geometrien 5-7 zweilagig aufgebaut. Die zweilagigen Geometrien setzte sich dabei immer aus der Geometrie 4 in Kombination mit einer der Geometrien 1-3 zusammen.

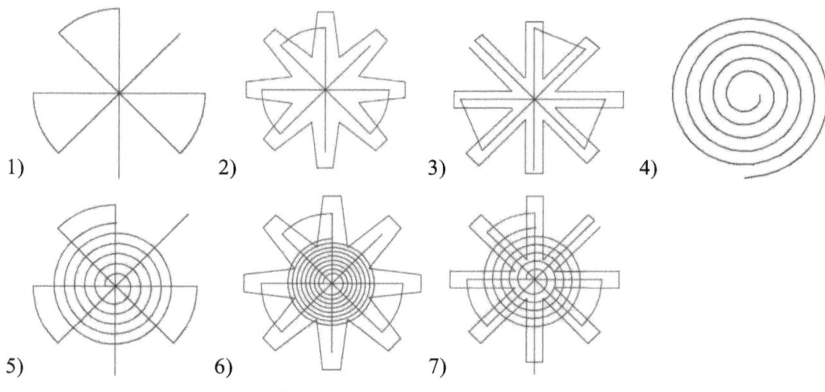

Abbildung 5: Abgeleitete TFP Preform Geometrien

2.1.3 AP 300 Bewertung der hybriden Fügevarianten

Ziele des Arbeitspakets:

- Da keine einheitlichen Teststandards zum Prüfen für quasistatische wie auch zyklische Lasten bei hybrid Verbindungstechnologien existieren, werden Testdesign in Form von Weiterentwicklung von Methoden und Probendesigns durchgeführt
- Vorversuche in Bezug auf die Herstellungsverfahren und die Integration hybrider Verbindungstechnologien

Im Projekt erzielte Ergebnisse:

- Erstellen einer Prüfmethodik für hybride klebefreie Verbindungstechnologien
- Verifizierung der in AP100 ausgewählten Fügevarianten in Hinblick auf die Machbarkeit in Produktion und Integration
- Auswählen von quasistatischen und zyklischen Tests zum Charakterisieren der hybriden Verbindungen
- Festlegen des Designs von Prüfkörpern und Referenzproben
- Anwenden des zerstörungsfreieren Prüfverfahren CTs
- Fertigen erster Prüfkörper für Basis Versuche am FIBRE
- Durchführung der Basis Versuche am FIBRE

Detaillierte technische Beschreibung der vom FIBRE durchgeführten Arbeiten

Die Auswahl der mechanischen Testverfahren zum Charakterisieren der hybriden Verbindungen wurde festgelegt. Die geometrischen Abmessungen der Prüfkörper und der Versuchsaufbau orientieren sich größtenteils an den Vorgaben aus DIN-Normen zur Prüfung von FVK und an den Randbedingungen der im FIBRE zur Verfügung stehenden Prüfgeräte, Tabelle 1.

Tabelle 1: Ausgewählte Verfahren zum Testen der hybriden Verbindungstechnologie

Prüfung	Angelehnte Norm
Zugversuch	DIN EN ISO 527-4
Zugscherversuch mit Single Lap Proben	DIN EN 1465
Druckversuch	DIN EN ISO 14126
4-Punktbiegeversuch Klasse IV	DIN EN ISO 14125
Interlaminare Scherfestigkeitsversuche	DIN 2377
Betriebsfestigkeitsversuche/dynamische Zugversuche	Prüfkörperdesign gemäß DIN 527-4

Für die lokalen Lasteinleitungselemente wurden Prüfvorrichtungen zum Testen der Lastfälle Pull-Out und Shear-Out Versuche konstruiert und gefertigt, siehe Abbildung 6. Für beide Lastfälle gibt es keine Norm. Die Vorrichtungen orientieren sich dabei an bewährten Verfahren für Sandwichstrukturen.

a)  b) 

Abbildung 6: Prüfvorrichtungen zum Testen der entwickelten Lasteinleitungselemente: a) Vorrichtung für Pull-Out Versuche; b) Vorrichtung für Shear-Out Versuche

Im Rahmen des AP 300 wurden Basisversuche zu unterschiedlichen Fügetechnologien am FIBRE durchgeführt. Zur besseren Übersicht sind diese in drei Kategorien aufgeteilt:

- Hybrides TFP-Fügeelement
- FAUSST Verbinder
- Vernähtes Lochblech

Hybrides TFP-Fügeelement

Zunächst wurden Stahlfasern der Firma Bekaert beschafft. Dabei wurden zwei Typen mit unterschiedlichen Eigenschaften festgelegt. Die Stahlfasern BU 8/1200, mit einem Durchmesser von 8 μm und einer Filamentanzahl von 12.000 pro Roving, zeichnen sich durch eine hohe Festigkeit bei geringer Dehnung aus. Der zweite Stahlfasertyp sind die VK 30/2000 mit 30 μm Durchmesser und einer Filamentanzahl von 2.000 Stück pro Roving. Dieser Typ zeichnet sich durch eine niedrigere Festigkeit bei hoher Dehnung aus. Als erstes erfolgte die Ablage der Stahlfasern in unterschiedlichen Geometrien im TFP-Verfahren zum Ermitteln der Prozessparameter und Verarbeitbarkeit an der TFP Anlage, siehe Abbildung 7. Die Parameter Rovingabstand, Stichabstand und Stichbreite wurden gezielt variiert, um die Ablage der Stahlfasern zu optimieren.

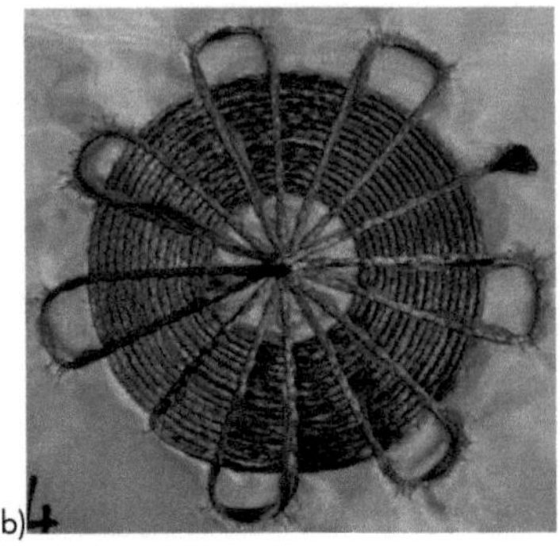

Abbildung 7: Vorversuche zur Verarbeitung der Stahlfasern auf der TFP-Anlage: a) flächige Ablage; b) Ablage lokales Lasteinleitungselement

Bei ersten Schweißversuchen wurden die Stahlfasern mittels Widerstandspunktschweißen mit zwei Stahlplatten verbunden, siehe Abbildung 8. In nachfolgenden Zugversuchen konnten 6,2 kN erreicht werden, jedoch erfolgte das Versagen an den angeschweißten Bolzen und nicht zwischen Stahlfasern und Metallblech.

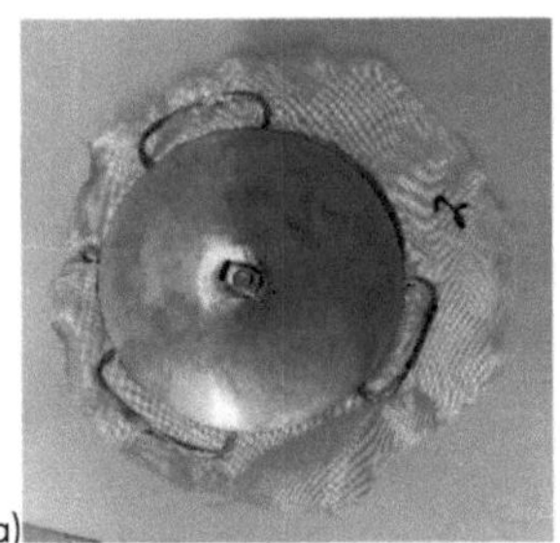

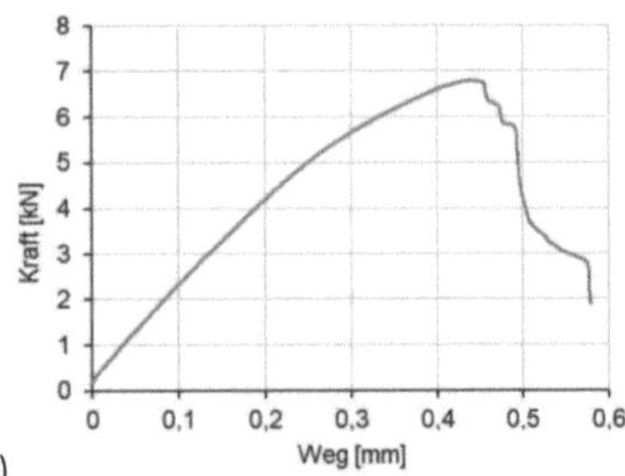

Abbildung 8: Vorversuche zum Verschweißen des lokalen Stahlfaser-Lasteinleitungselements: a) Verschweißte TFP-Preform; b) Ergebnis Zugversuch

Als nächster Schritt wurden die Stahlfaser-TFP-Preforms nur einseitig mittels Punktschweißen mit der Metallplatte verbunden. Anschließend erfolgte die Imprägnierung der geschweißten Preforms mit Harz im Vakuuminfusionsverfahren zwischen vier Lagen Glasfasergelege, siehe Abbildung 9. Eine Charakterisierung mittels Schliffbildern erfolgte im Anschluss, siehe Abbildung 10. Auf den Schliffbildern wird ersichtlich, dass sich die Stahlfasern im Schweißpunkt homogen mit der Metallplatte verbinden.

a) 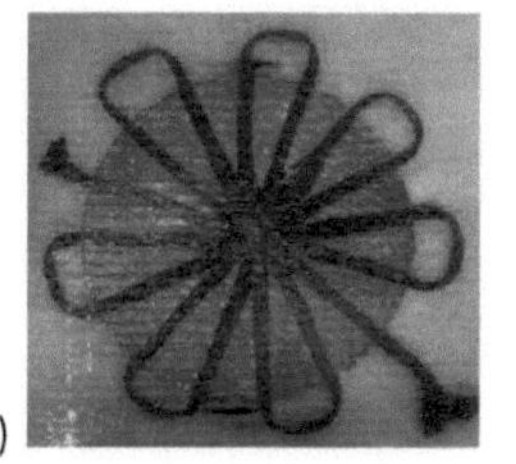 b) 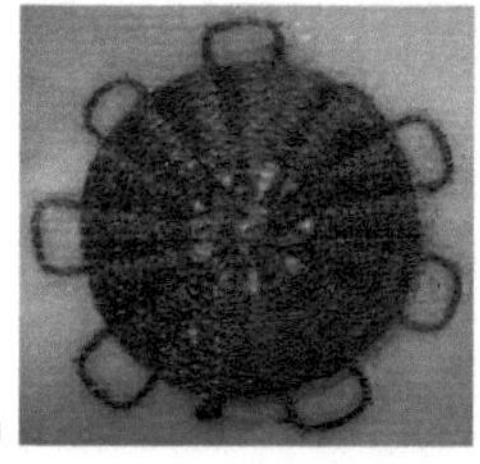

Abbildung 9: Infusionierte geschweißte TFP-Preforms: a) TFP-Preform mit radialen Faserverlauf; b) TFP Preform mit radialen und tangentialen Faserverlauf.

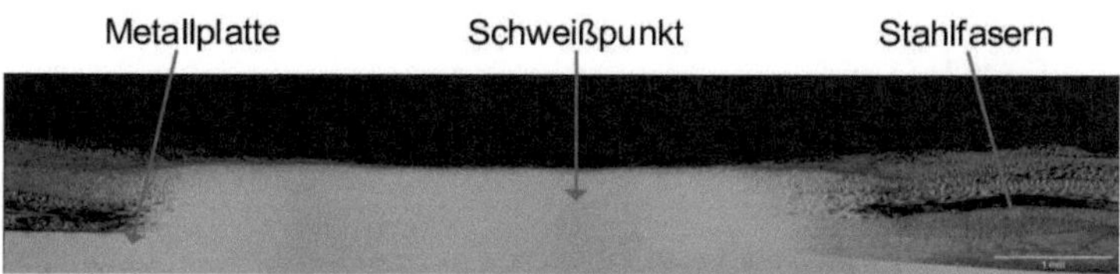

Abbildung 10: Schliffbild der geschweißten Stahlfaser TFP-Preform.

Die Vorversuche konnten die grundlegende Machbarkeit und das Funktionsprinzip der angestrebten hybriden Verbindung aufzeigen.

FAUSST Verbinder

Zur Vorbewertung der Methode 7 erfolgten am FIBRE Untersuchungen an den hybriden Textilien (Stahlfasern und Glasfasern) des FAUSST-Gewirkes. Zur mechanischen Vorbewertung der FAUSST-Gewirke wurden Zugversuche an laminierten Proben des Gewirkes durchgeführt. Ziel war es, die mechanischen Zugeigenschaften der verschiedenen Faserverbundbereiche (GFK, Hybrid horizontal, Hybrid vertikal) zu bestimmen, siehe *Abbildung 11*. Im Hybridbereich sind neben den Glasfasern auch Stahlfasern vorhanden. Da die Größe des FAUSST-Textils nicht ausreicht, um Zugprüfkörper nach Norm durchzuführen, wurde die Prüfkörpergeometrie angepasst. Im Zugversuch ist der Anstieg der Spannung bis zu einer Dehnung von 2,5 % bei allen Proben gleich. Das Versagen tritt nicht schlagartig nach dem Maximum ein. Stattdessen fällt die Spannung langsam wieder ab, siehe Abbildung 12.

Abbildung 11: Prüfkörper der unterschiedlichen Bereiche im FAUSST Gewirk: a) GFK-Bereich; b) Hybrid-Bereich vertikal, c) Hybrid-Bereich horizontal

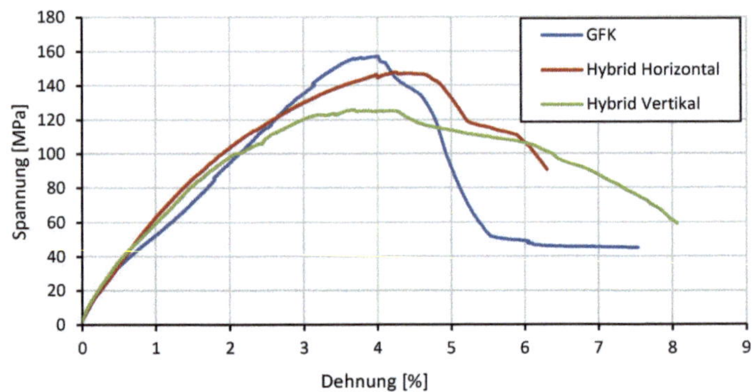

Abbildung 12: Exemplarische Spannungs-Dehnungs-Verläufe der Zugversuche am laminierten FAUSST Gewirk LA-21-2935-1

Die erreichten Zugfestigkeiten sind in Tabelle 2 dargestellt. Obwohl die Stahlfasern in den Proben „Hybrid vertikal" in Zugrichtung orientiert sind, ist die erreichte Festigkeit geringer als in den Proben „Hybrid horizontal", in welchen die Stahlfasern 90° zur Zugrichtung ausgerichtet sind. Die höchsten Festigkeiten werden in den Proben aus reinem GFK erreicht. Die Ergebnisse deuten darauf hin, dass die Stahlfasern in diesem Verbund nicht zu einer Steigerung der Festigkeit führen.

Tabelle 2: Ermittelte Zugfestigkeiten des FAUSST Gewirks im Vergleich

	Zugfestigkeit [MPa]		
	GFK	Hybrid Horizontal	Hybrid Vertikal
LA-21-2935-1	157	148	128
LA-21-2935-3	167	155	139

Vernähtes Lochblech

Zur Bewertung der Methode 6 wurden am FIBRE Vorversuche zum Vernähen von metallischen Streckgittern, Drahtgeweben und Lochblechen auf Glasfasergelegen und -geweben auf der TFP Anlage durchgeführt. Die geometrische Maßgenauigkeit und Platzierung der metallischen Halbzeuge erwiesen sich dabei als maßgebliche Größe für die exakte Platzierung des Nähfadens mit der Nadel. Am besten konnte dies mittels Lochblech umgesetzt werden da hier die geometrische Ausrichtung der Löcher am gleichmäßigsten ist, siehe Abbildung 13.

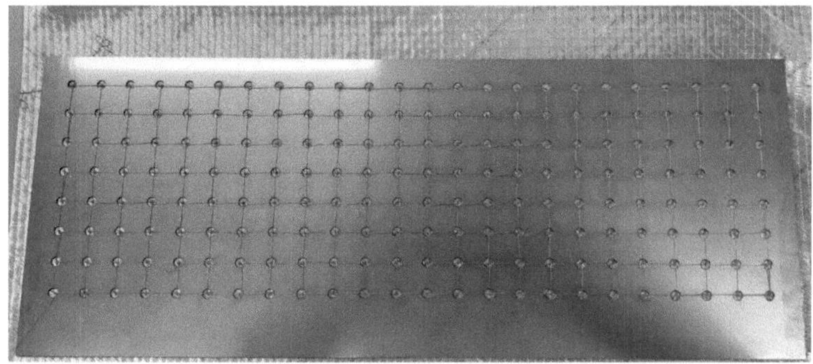

Abbildung 13: Auf der TFP-Anlage vernähtes Lochblech

2.1.4 AP 400 Untersuchung und Entwicklung an den hybriden Fügevarianten

Ziele des Arbeitspakets:

- Entwicklung und Verifikation der Methoden für die Herstellung, Prüfung und Einsatz von hybrider Verbindungstechnologie am Beispiel der ausgewählten Fügevarianten
- Durchführen von mechanischen, zerstörungsfreien, thermischen, akustischen, betriebsfestigkeitsrelevanten Prüfungen
- Entwicklung und Validierung der metallischen und faserbasierten Halbzeuge
- Entwicklung und Validierung der Herstellungsmethoden der Verbindungselemente für die Fügevarianten
- Integration der Verbindungselemente Faserbundmaterialien zunächst im Maßstab von Labor-Prüfkörpern und weiter auf Probe-Bauteilgröße

Im Projekt erzielte Ergebnisse:

- übergreifende Herstellung und Prüfung von hybriden Verbindungstechnologien anhand ausgewählter Fügevarianten für schiffbauliche Anforderungen.
- Informationen und Ergebnisse zur Entwicklung übergeordneter Methoden für Prüfung und Herstellung, sowie dem Einsatz von hybrider Verbindungstechnologie im Schiffbau
- Detaillierter Erkenntnisse über die Eigenschaften hybrider Verbindungstechnologien

Detaillierte technische Beschreibung der vom FIBRE durchgeführten Arbeiten

Wie bereits im AP 300 werden zur besseren Übersicht die Arbeiten des FIBRE in die drei Kategorien aufgeteilt:

- Hybrides TFP-Fügeelement
- FAUSST-Verbinder
- vernähtes Lochblech

<u>Hybrides TFP-Fügelement</u>

Zur Entwicklung des hybriden TFP-Fügelementes war eine Charakterisierung der verwendeten Stahlfasern notwendig. Hierfür wurden die Stahlfasern BU 8/12000 und VK 30/2000 mittels Einzelfaserzugversuchs, Garnbündelzugversuchs, thermogravimetrische Analyse und REM-Aufnahmen charakterisiert. Bei der thermogravimetrischen Analyse wurde der Masseverlust der Stahlfasern bei steigender Temperatur analysiert. Das Ergebnis für die Stahlfasern vom Typ BU 8/12000 ist exemplarisch in Abbildung 14 zu sehen. Bei beiden Stahlfasertypen findet kein Masseverlust statt.

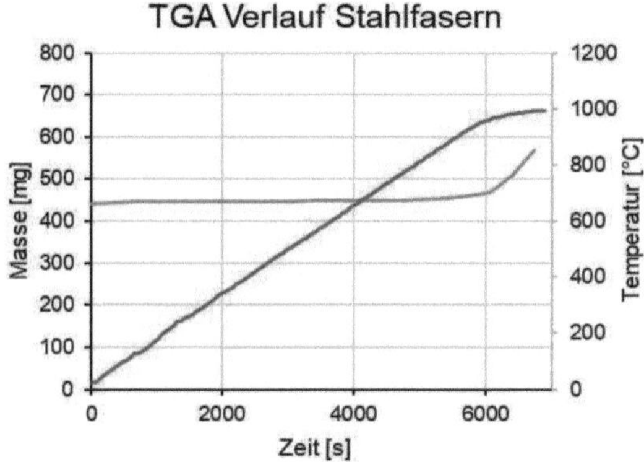

Abbildung 14: Thermogravimetrische Analyse der Stahlfasern Bekaert BU 8/12000

Durch REM-Aufnahme wurde die Oberfläche der Stahlfasern untersucht. Hier zeigt sich, dass diese im Vergleich zu herkömmlichen Verstärkungsfasern wie E-Glas, sehr rau und uneben ist. Zudem weisen die Stahlfasern keinen kreisrunden Querschnitt auf, sondern ein mehreckigen. Dies ist auf die Herstellung der Fasern zurückzuführen. Die REM Aufnahmen der unterschiedlichen Fasertypen sind in Abbildung 15 zu sehen.

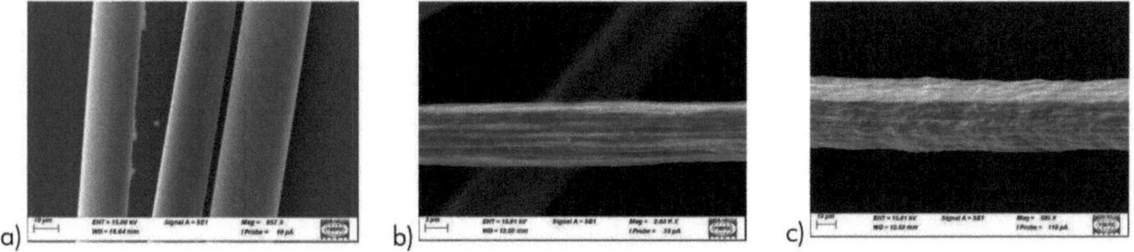

Abbildung 15: REM Aufnahmen der verwendeten Fasertypen: a) E-Glass; b) SF BU 8/12000; c) SF VK 30/2000

Zur Charakterisierung der mechanischen Eigenschaften wurden die unterschiedlichen Fasertypen Einzelfaserzugversuchen sowie Garnzugversuchen unterzogen. Im Folgenden wird nur auf die Ergebnisse der Einzelfaserzugversuche eingegangen, siehe Abbildung 16. Die Zugeigenschaften der getesteten Einzelfasern variieren stark. Die SF BU zeigen eine hohe Festigkeit von 1,61 GPa bei einer geringen Dehnung von 1 %. Die SF VK wiederrum zeigen eine geringere Festigkeit von 0,91 GPa bei einer hohen Dehnung von 16,3 %. Im Vergleich zu den E-Glas Fasern weisen die SF BU nahezu die gleichen Festigkeiten bei einer geringeren Dehnung. Die SF VK hingegen zeigen eine geringe Festigkeit als die E-

Glas Fasern bei einer höheren Dehnung. Aufgrund dieser stark unterschiedlichen mechanischen Eigenschaften, wurden beide Stahlfasertypen im Laufe des Vorhabens weiterbetrachtet, um für die für eine hybride Verbindung am besten geeignete Stahlfaser zu finden.

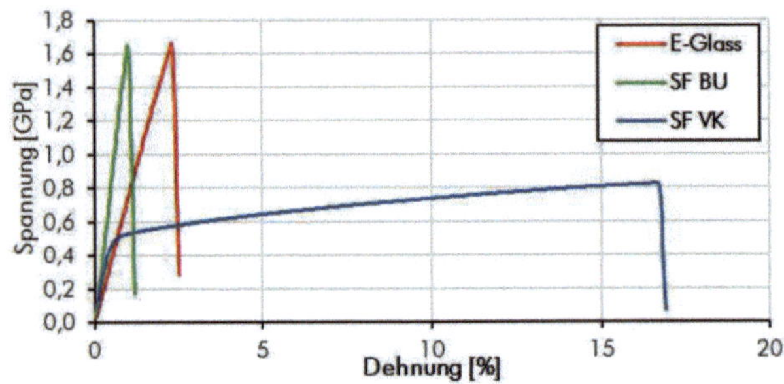

Abbildung 16: exemplarische Spannungs-Dehnungsdiagramm der Einzelfaserzugversuche

Zur Entwicklung des hybriden Lasteinleitungselementes ist es notwendig die mechanischen Eigenschaften der umliegenden FVK Struktur zu kennen. Die trifft neben den Glasfaserbereich besonders auf den Stahlfaserbereich sowie auf den hybriden Bereich zu, in dem beide Fasertypen vorliegen. Mittels TFP-Verfahren wurden hybrid Laminate mit definierten Stahlfaseranteil (drei Lagen GF mit einer Lage SF) hergestellt und im Vakuuminfusionsverfahren mit einer Epoxidharzmatrix (RIMR 135) imprägniert. In Zugversuchen nach DIN 527-4 erfolgte die mechanische Charakterisierung der hybriden Laminate. Es konnte gezeigt werden, dass die maximal erreichte Spannung beim reinen GFK mit 868 MPa bei einer Dehnung von 2,9 % am höchsten ist. Der Stahlfaserkunststoff (SFK) mit SF BU erreicht mit 330,5 MPa etwas weniger als die Hälfte der Festigkeit des GFK, bei einer maximalen Dehnung von 0,8 %. SFK mit SF VK erreicht eine Festigkeit von 144 MPa bei einer maximalen Dehnung von 2,1 %. Die hybriden Laminate zeigen bei beiden Stahlfasertypen höhere Festigkeiten als reines SFK jedoch eine geringe Festigkeit als das GFK. Die erzielten Ergebnisse sind in Tabelle 3 aufgelistet. Die Spannungs-Dehnungsdiagramme sind in Abbildung 17. Aus den Verläufen wird ersichtlich, dass beim Erreichen der Festigkeit der Stahlfasern in den hybriden Laminaten es zu einer schlagartigen Reduzierung der Steifigkeit kommt. Dies ist auf das Versagen der Stahlfasern zurückzuführen. Der nachfolgende Anstieg der Spannung kann auf die Glasfasern zurückgeführt werden, die im Verbund weiterhin Spannungen aufnehmen können. Mittels Schliffbildern wurde das Gefüge des Laminates untersucht, siehe Abbildung 18. Auffällig ist, dass die SFK aufgrund ihrer geringeren Kontaktierung der Fasern, auch im Vergleich zum GFK geringe Faservolumengehalte (FVG) aufweisen. So erreicht das Laminat mit SF BU Fasern einen FVG von 33,6% und SF VK 21,5%. Diese geringen FVG haben somit auch einen Einfluss auf die mechanischen Eigenschaften.

Tabelle 3: Ergebnisse der Zugversuche an Laminaten

Konfiguration	E-Modul [GPa]	Festigkeit [MPa]	Dehnung [%]
GFK	36,4 ± 0,8	868 ± 69,2	2,9 ± 0,22
SFK BU	42,0 ± 3,46	330,5 ± 39,6	0,805 ± 0,5
SFK BU Hybrid	39,9 ± 1,3	654 ± 26,6	2,4 ± 0,35
SFK VK	23,2 ± 0,61	144 ± 9,51	2,1 ± 0,28
SFK VK Hybrid	33,3 ± 1,37	668 ± 43	2,7 ± 0,14
Reinharz	2,83 ± 0,16	64,5 ± 1,54	5,9 ± 0,11

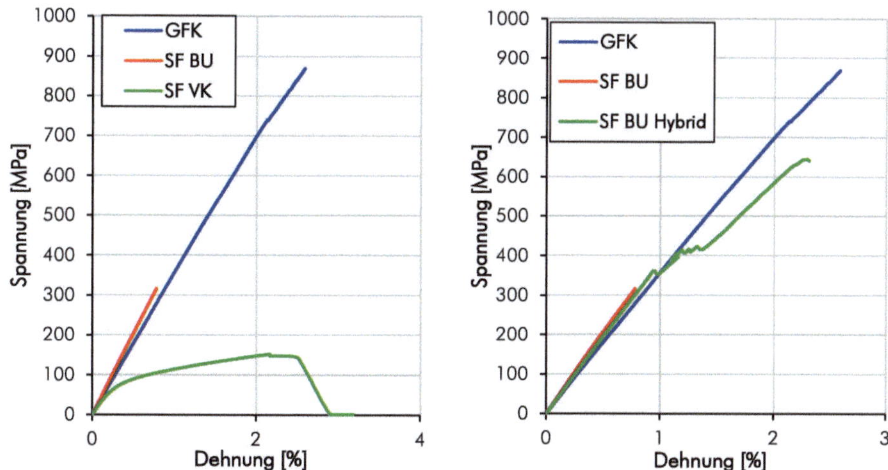

Abbildung 17: Spannungs-Dehnungsdiagramme der Zugversuche an Laminate

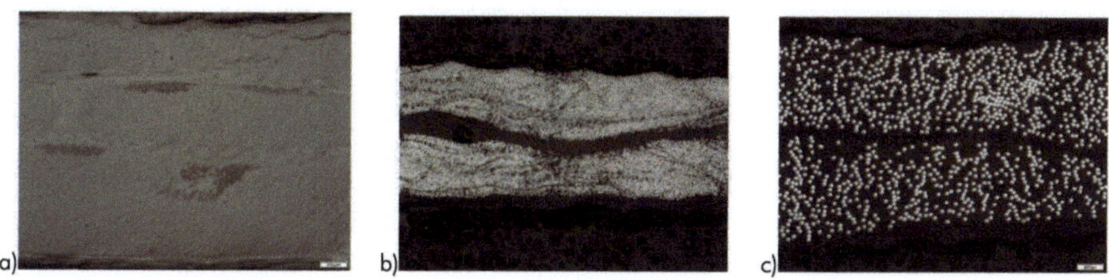

Abbildung 18: Schliffbilder der Zugproben: a) GFK Laminat (FVG 51,6 %); b) SF BU (FVG 33,6 %); c) SF VK (FVG 21,5 %)

Neben den Zugversuchen nach DIN 527-4 wurden auch Druckversuche nach DIN 14126 sowie 4-Punkt-Biegersuche nach DIN 14125 und interlaminare Scherfestigkeitsversuche nach DIN 2377 durchgeführt. Die Ergebnisse dieser Versuche sind aufgrund des Umfangs hier nicht dargestellt. Das Verhalten zwischen Glasfasern und Stahlfasertypen BU und VK ist jedoch ähnlich.

Im Laufe des AP 300 wurde das hybride TFP-Verbindungselement hinsichtlich der Ablage der Stahlfasern weiterentwickelt und auf die Größe der geplanten Versuche zur mechanischen Charakterisierung angepasst. Dabei wurde auf die Ergebnisse aus AP 200 zurückgegriffen. Für eine erste Serie wurden die Stahlfasern im TFP-Verfahren auf eine einem Stickgrund aus Glasfasergewebe mit einem PES Nähfaden abgelegt, siehe Abbildung 19.

a) 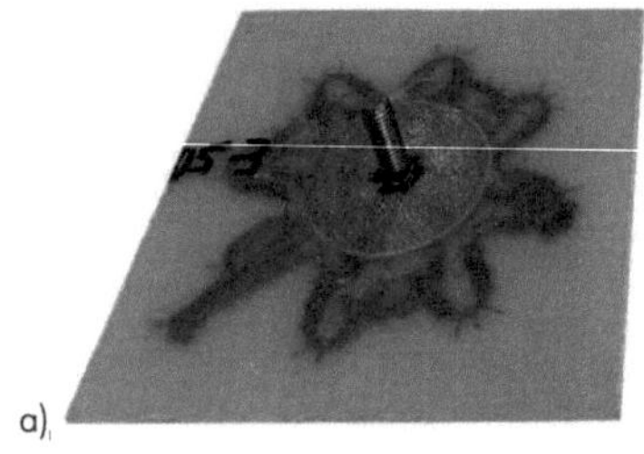

b) 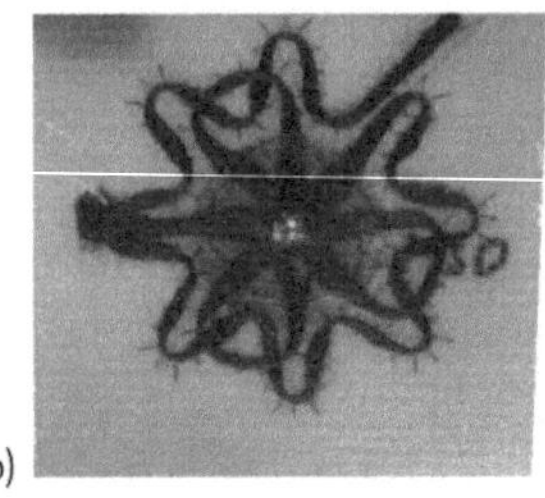

Abbildung 19: TFP-Verbindungselement: a) Oberseite der Geometrie 6 mit angeschweißten M8 Gewindebolzen; b) Unterseite der Geometrie 6

Mechanische Tests in Form von Pull-Out-Versuchen wurden an den hybriden TFP-Verbindungselementen durchgeführt. Für den Versuchsaufbau wurden die Proben mittels angeschweißten M8 Bolzen und M8 Langmutter mit einer Zwick Prüfmaschine verbunden, siehe Abbildung 20. Die Auszugsgeschwindigkeit betrug 2 mm/min. Bei den Versuchen wurden Proben mit einem Schweißpunkt und vier Schweißpunkten zwischen dem TFP-Stahlfaser-Preform und der Grundplatte getestet. Die Tests zeigen, dass vier Schweißpunkte mehr Kraft aufnehmen können und der Kraft-Weg Verlauf linearer und steiler wird, siehe Abbildung 21. Die erreichte maximale Auszugskraft von 500 N ist jedoch noch zu gering für eine Anwendung. Daher sind weitere Optimierungen erforderlich.

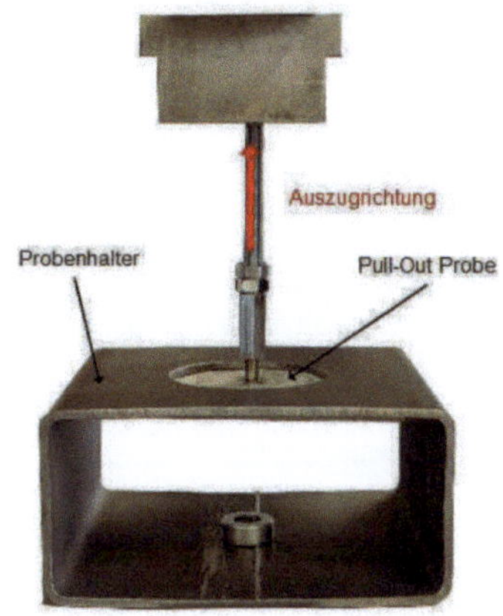

Abbildung 20: Versuchsaufbau für Pull-Out-Versuche an hybriden TFP-Verbindungselement

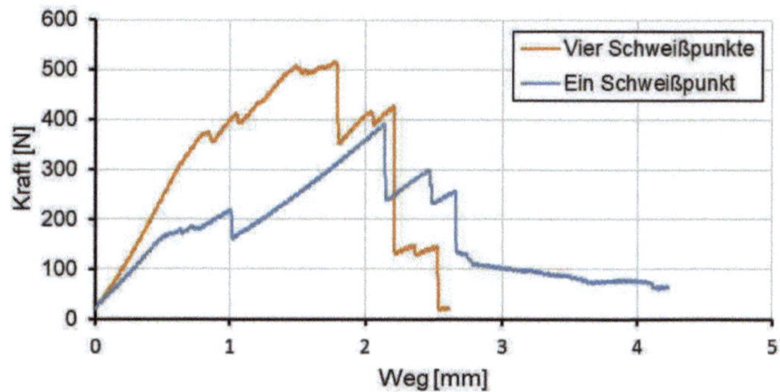

Abbildung 21: Exemplarischer Kraft-Weg-Verlauf der Pull Out Versuche mit ein und vier Schweißpunkten

Neben der Ermittlung der mechanischen Eigenschaften wurden weitere Untersuchungen zum Charakterisieren der hybriden TFP-Verbindungselemente durchgeführt. Fokus war die Analyse der Schweißpunkte mittels mikroskopischen Schliffbilden, REM-Aufnahmen und CT-Aufnahmen. Ziel war es die geometrischen Parameter sowie das Gefüge zu analysieren. Beispielhaft dargestellt ist in Abbildung 22 ein Schweißpunkt mit doppelten Lagen Stahlfasern BU und in Abbildung 23 ein Schweißpunkt mit doppelten Lagen Stahlfasern VK. Es zeigt sich auf den Aufnahmen, dass durch den Schweißprozess eine Kompaktierung der Stahlfasern erfolgt. Im Schweißpunkt werden die einzelnen Stahlfaserfilamente zu einem homogenen Material verschmolzen. Unterhalb des Schweißpunktes treten Inhomogenität in der Grundplatte auf.

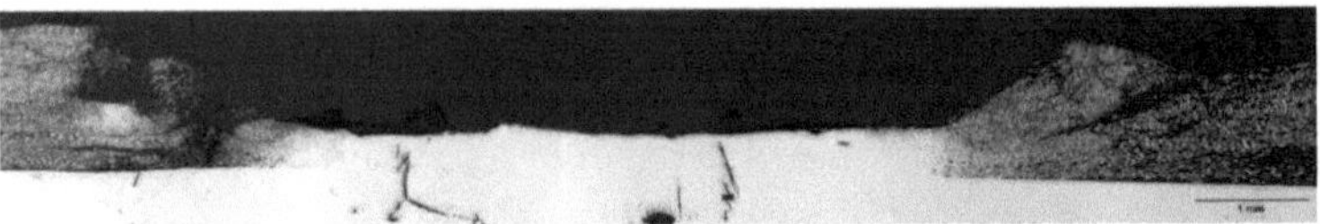

Abbildung 22: Schliffbild Schweißpunkt BU

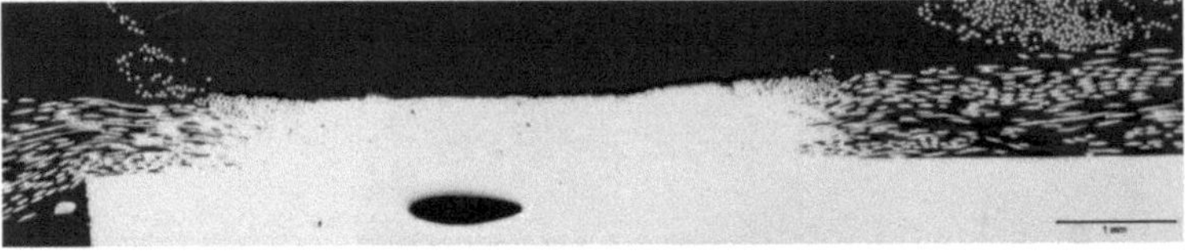

Abbildung 23: Schliffbild Schweißpunkt VK

Mittels CT-Aufnahmen wurden zum einen die Position der Schweißpunkte betrachtet, zum anderen der Durchmesser dieser bestimmt. In Abbildung 24 sind beispielhaft die CT Aufnahmen für die Geometrie 4 mit sechs Schweißpunkten für die Stahlfasertypen BU und VK dargestellt.

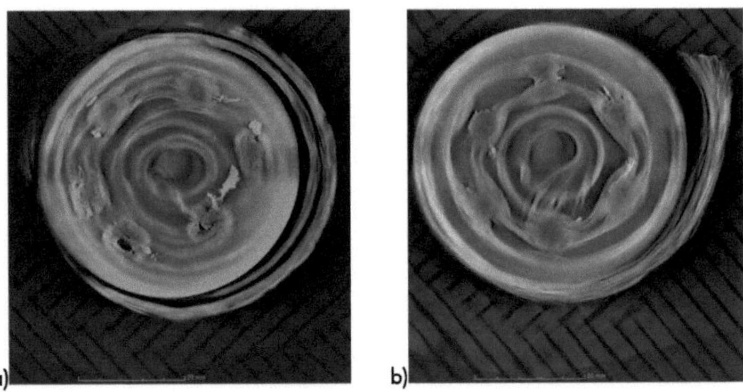

Abbildung 24: CT Aufnahmen der Geometrie 4: a) Schweißpunkte mit Stahlfasern BU; b) Schweißpunkte mit Stahlfasern VK

FAUSST-Verbinder

Zunächst wurden, die in der ausgewählten Methode 7 (Hybrid Fabrics), verwendeten Fasern für das FAUSST-Gewirk charakterisiert. Im FAUSST-Gewirk kommen folgende Fasermaterialien zum Einsatz: Glasfaserzwirn (GF Garn) EC-9 68 X 3 S150 TD37C H5, Glasfaserroving (GF Roving) EC 14-200 350 und als Stahlfaser (SF VN) Bekaert Bekinox VN 8.1.1.40Z. Zunächst wurde mittels Einzelfaserzugversuch die Festigkeiten der jeweiligen Fasern ermittelt. Diese beziehen sich jeweils auf den Querschnitt der Fasern. Es wird ersichtlich, dass die verwendeten Stahlfasern eine wesentlich geringe Dehnung und im Fall der SF VN auch eine geringe Festigkeit, als die Glasfasern aufweisen. Damit decken sich die Ergebnisse mit denen verwendeten Fasern im TFP-Verbindungselement. Das Spannungs-Dehnungsdiagramm der Einzelfaserzugversuche ist in Abbildung 25 dargestellt.

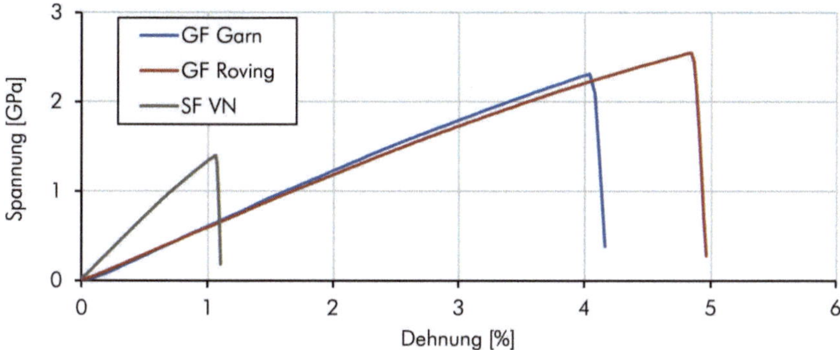

Abbildung 25: exemplarische Spannungs-Dehnungsdiagramm der Einzelfaserzugversuche

Die Anhaftung zwischen Fasern und Matrix haben in einem Faserverbundwerkstoff einen großen Einfluss auf die mechanischen Eingeschalten des Verbundes. Zur besseren Anhaftung haben Verstärkungsfasern eine Schlichte aufgetragen. Im Herstellungsprozess des FAUSST-Gewirks bei Fritz Moll werden zudem Schlichten verwendet, um eine bessere Verarbeitbarkeit der Fasern im textilen Prozess zu gewährleisten. Im Rahmen des Vorhabens sollten der Schlichtegehalt sowie die Faser-Matrix-Anhaftung bei den verwendeten Fasern des FAUSST-Gewirks und der SF-TFP-Preforms untersucht werden. Zunächst wurde der Schlichteanteil auf den Ausgangsfasern mittels Extraktion mit Aceton bestimmt. Ergebnisse sind in Tabelle 4 dargestellt. Die Glasfasern weisen einen Schlichteanteil im Bereich von 0,5 bis 0,25 % auf. Auf den Stahlfasern VN konnte eine größere Menge Schlichte von 1,95 % nachgewiesen werden. Laut Herstellangaben handelt es sich dabei um eine Ölschicht. Die Ergebnisse der Extraktion geben nur einen Überblick zur ermittelten Masse, nicht aber zu den Bestandteilen der Schlichte.

Tabelle 4: Bestimmter Schlichtegehalt durch Extraktion

Fasertyp	Schlichtegehalt in %
GF Zwirn	0,52
GF Roving	0,28
SF VN	1,95

Mittels REM-Aufnahmen wurde die Oberfläche der Einzelfasern analysiert, siehe Abbildung 26. Die

Glasfasern weisen eine glatte Oberfläche auf, auf der die Schlichte teilweise sichtbar ist. Die Stahlfasern hingegen zeichnen sich durch eine raue Oberfläche aus.

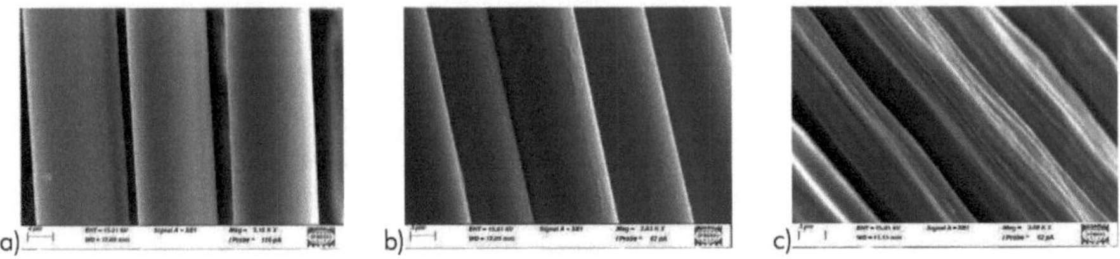

Abbildung 26: REM Aufnahmen der Einzelfilamente: a) Glasfasern Roving; b) Glasfaser Zwirn; c) Stahlfasern VN.

In wie weit die Schlichte Einfluss auf die Anhaftung zwischen Fasern und Matrix hat, wurde mittels Fiber Pull Out Versuchen untersucht. Dabei wurde eine einzelne Faser in einen Tiegel mit dem Matrixsystem (RIMR 135) eingebettet und ausgehärtet. Im Anschluss wurde mittels Zugversuches die Faser aus der Matrix gezogen. Eine Darstellung des Fiber Pull Out Versuches ist in Abbildung 27 zu sehen.

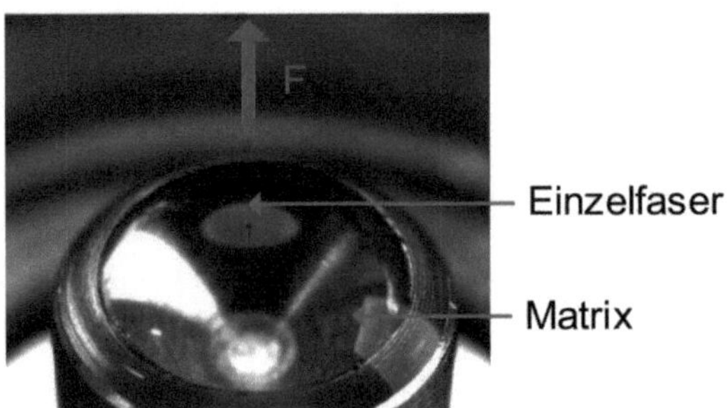

Abbildung 27: Darstellung des Fiber-Pull-Out-Versuches

Es konnte eine lokale Grenzflächenscherfestigkeit von 62 MPa für den GF Zwirn und 65 MPa den GF Roving ermittelt werden, siehe Abbildung 28. Diese Werte stimmen mit der Literatur überein und lassen darauf schließen, dass die Schlichte an den Glasfasern für das verwendete Expoxidharz geeignet ist. [2] Die Stahlfasern VN erreichten mit 42 MPa eine geringere lokale Grenzflächenscherfestigkeit. Es zeigt sich, dass die Glasfasern höhere Grenzflächenscherfestigkeiten erreichen als die Stahlfasern. Um den Einfluss der Schlichte auf die Faser-Matrix-Haftung zu identifizieren, wurden die Fasern mit Aceton behandelt, um somit die Schlichte zu entfernen. In anschließenden Fiber-Pull-Out-Versuchen verringerte sich die Grenzflächenscherfestigkeit der Glasfasern, während sich die der Stahlfasern erhöhte. Dies kann mit dem Öl in Verbindung gebracht werden, welches sich auf den Stahlfasern befindet und durch das Aceton entfernt wurde. In zukünftigen Untersuchen werden gezielt Schlichten für Stahlfasern betrachtet, um die lokale Grenzflächenscherfestigkeit zu erhöhen.

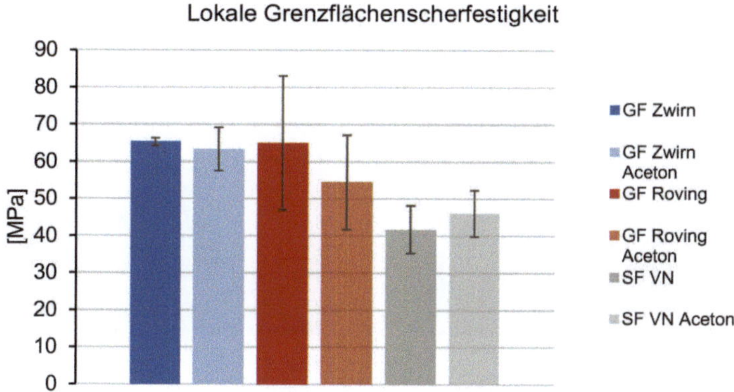

Abbildung 28: Ermittelte lokale Grenzflächenscherfestigkeit durch Fiber-Pull-Out-Versuche an Ausgangsfasern des FAUSST Gewirkes

Mittels Mikro-CT und REM erfolgte eine optische Untersuchung der in Epoxidharz einzeln eingebetteten Stahlfasern vom Typ VN, welche für den Fiber-Pull-Out Versuch verwendet wurden. Die Abbildung 29 zeigt die Mikro-CT Aufnahmen einer eingebetteten Stahlfaser. Anhand der Aufnahmen lässt sich die Einbetttiefe und Qualität überprüfen. Der Übergang zwischen Faser und Matrix ist gerade, so dass keine vergrößerte Anhaftfläche entsteht. Es sind keine Poren in der Matrix zu erkennen, die die Anhaftung zwischen Faser und Matrix beeinflussen würden. Dennoch muss angemerkt werden, dass die Einbetttiefe der Stahlfasern sehr gering ist. Der Grund hierfür ist die geringe Zugfestigkeit der Stahlfasern. In Vorversuchen zeigte sich, dass bei einer größeren Einbetttiefe die Stahlfasern immer abgerissen sind und der Versuch somit ungültig wurde.

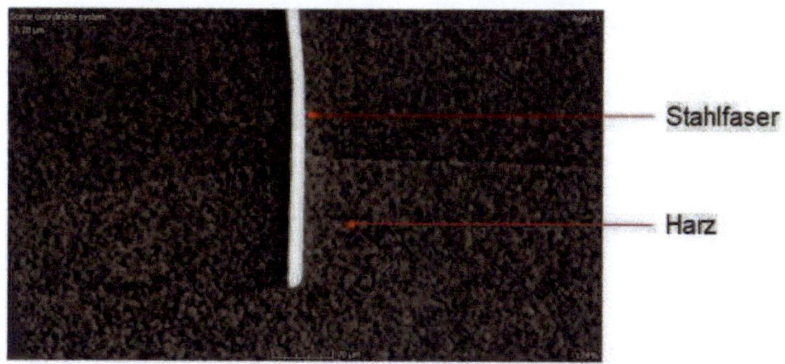

Abbildung 29: Mikro CT Aufnahme einer Stahlfaser-Probe für Fiber Pull Out Versuche.

Mittels REM Aufnahme wurde ebenfalls der Übergangsbereich zwischen den eingebetteten Fasern und der Matrix betrachtet, siehe Abbildung 30. Wie schon auf den Aufnahmen des Mikro CT zeigt sich ein gerader

Übergang zwischen Matrix und Fasern. Nach den Fiber-Pull-Out-Versuchen wurde das Bruchbild aus der Matrix bewertet. Dabei zeigt sich, dass die Stahlfasern ohne größere Schäden an der Matrix ausgezogen werden konnten

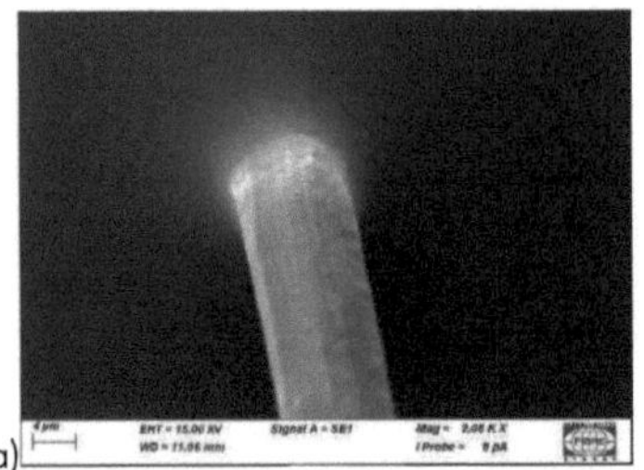

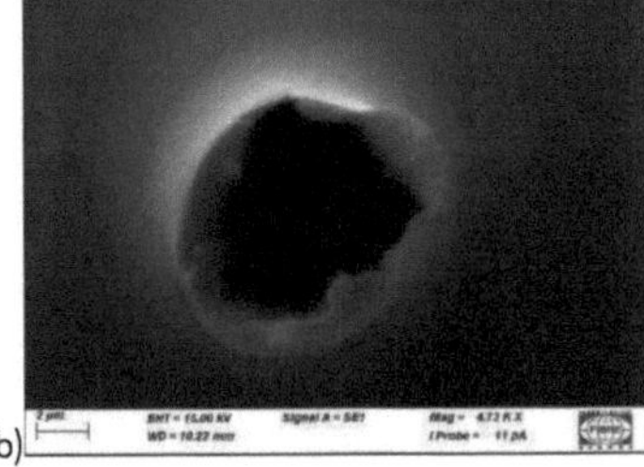

Abbildung 30: REM Aufnahmen der eingebetteten Stahlfasern VN: a) vor dem Auszug Test; b) nach dem Auszug Test

Während der Weiterentwicklung des FAUSST-Textils wurden von der Firma Fritz Moll FAUSST-Gewirke aus Stahlfasern und Glasfasern in unterschiedlichen Konfigurationen hergestellt und im Labor des Faserinstituts untersucht. Die unterschiedlichen Varianten sind in Abbildung 31 dargestellt.

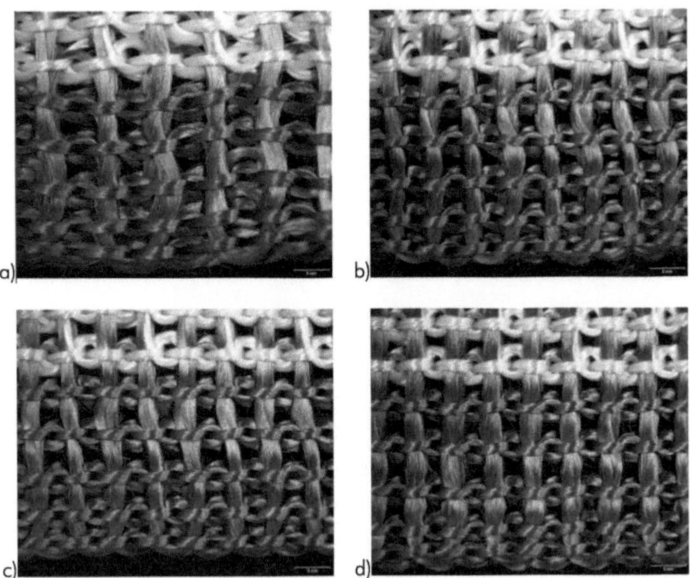

Abbildung 31: Unterschiedliche Varianten des FAUSST Gewirkes; a) Variante 1, b) Variante 2, c) Variante 3 und d) Variante 4.

An den unterschiedlichen Varianten des FAUSST-Gewirks wurde zunächst das Flächengewicht der verschiedenen Bereiche bestimmt, siehe Abbildung 32. Aufgrund der höheren Dichte der Stahlfasern, weist der Bereich der reinen Stahlfasern im Textil das höchste Flächengewicht auf.

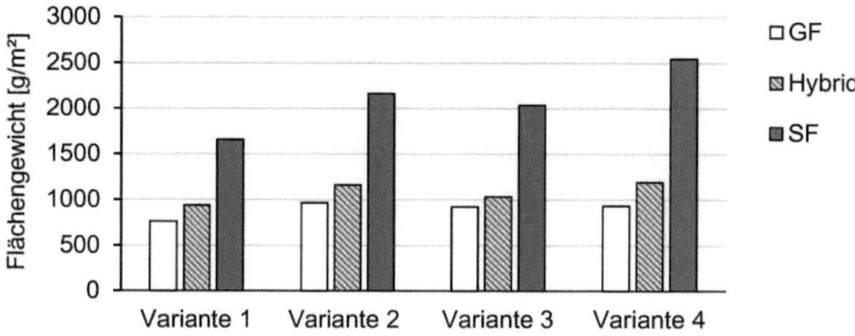

Abbildung 32: Ermitteltes Flächengewicht an der unterschiedlichen Varianten des FAUSST-Gewirkes.

Die verschiedenen FAUSST-Gewirke wurden im Vakuuminfusionsverfahren mit dem Epoxidhart RIMR 135 laminiert. Die Ergebnisse der Faservolumengehaltsbestimmung sind in der nachfolgenden Tabelle 5 aufgelistet. In allen vier Varianten tritt der höchste Faservolumengehalt im GFK auf und der niedrigste im Bereich der Stahlfasern.

Tabelle 5: Ermittelter Faservolumengehalt.

	Faservolumengehalt [%]		
	GFK Bereich	Hybrid Bereich	Stahlfaser Bereich
Variante 1	28,9	25,3	17,9
Variante 2	30,5	27,1	19,1
Variante 3	29,4	25,4	19,4
Variante 4	28,7	25,3	20,5

Im weiteren Verlauf des Vorhabens wurden für die ausgewählte Methode 7 (Hybrid Fabrics) in Form der FAUSST-Gewirke weitere Stahlfasertypen in unterschiedlichen textilen Aufmachungen untersucht. Alternativ zu den im FAUSST-Gewirk zuerst verwendeten Stahlfaser (SF VN) Bekaert Bekinox VN 8.1.1.40Z wurden unterschiedliche Stahlfasertypen von Bekaert untersucht. Zunächst erfolgte eine mikroskopische Betrachtung, um die textile Struktur zu identifizieren, da die Stahlfasern nicht nur in Roving Form vorliegen, sondern auch verzwirnt. Die Aufnahmen der unterschiedlichen Typen sind in Abbildung 33 zu sehen.

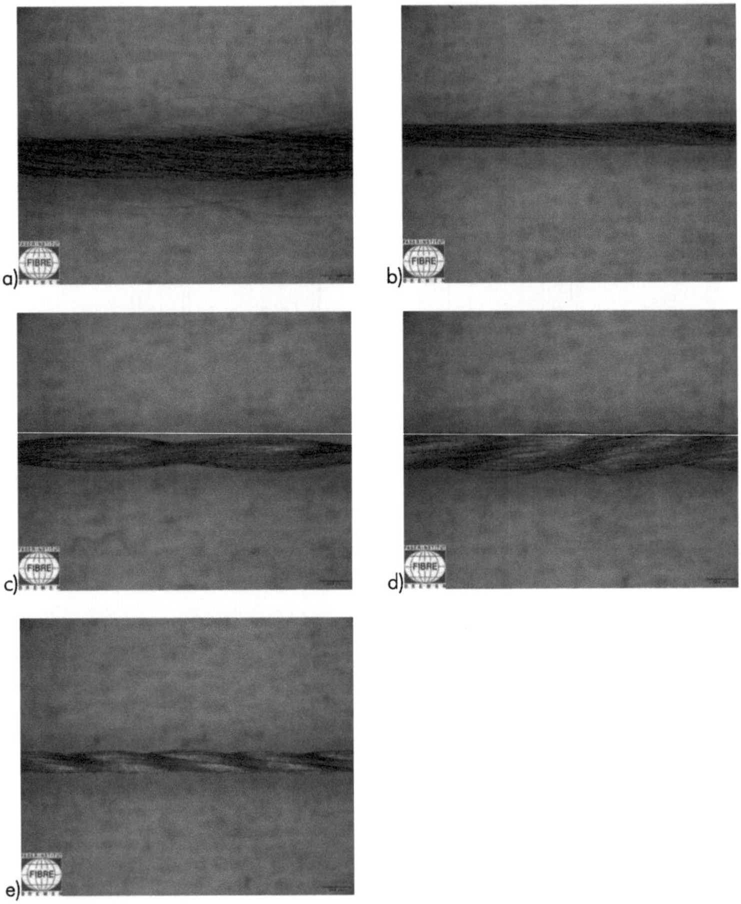

Abbildung 33: Mikroskopische Aufnahmen der Stahlfaservarianten: a) VN 8.1.1; b) VN12.1.2; c) VN 12.2.2; d) VN 12.3.2; e) VN 14.3.9

In anschließenden Einzelfaserzugversuchen wurden die Festigkeiten und Bruchdehnung der jeweiligen Fasern ermittelt, siehe Abbildung 34. Es zeigt sich, dass insbesondere die Stahlfasern vom Typ VN 12.1.2 als auch die VN 14.3.9 höhere Festigkeiten erzielen und an das Festigkeitsniveau der Glasfasern heranreichen. Jedoch ist die ermittelten Bruchdehnung mit < 2 % deutlich geringer als die der Glasfasern.

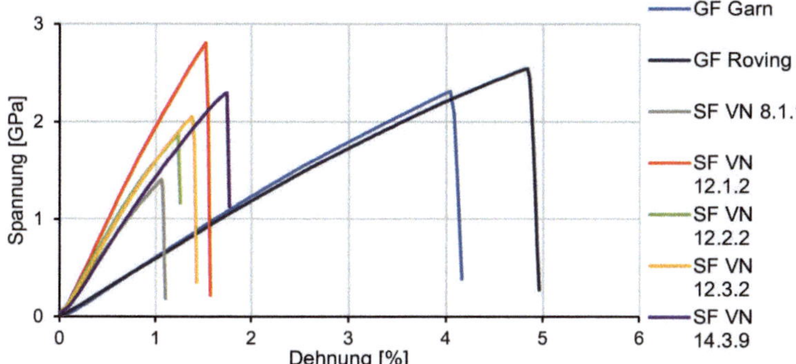

Abbildung 34: Spannungs-Dehnungsdiagramm repräsentativer Einzelfaserzugversuche der unterschiedlichen Stahlfasertypen

Um den Einfluss der Temperaturen des Schweißvorgangs auf die Zugfestigkeit der verwendeten Stahl- und Glasfasern des FAUSST-Textils zu bestimmen, wurden Proben der Fasern für 5 Minuten unterschiedlichen Temperaturen im Muffelofen ausgesetzt, siehe Abbildung 35. Die Bruchspannung und Bruchdehnung der Glasfasern steigt zunächst bei 200 °C und nimmt mit weiter steigender Temperatur kontinuierlich ab. Nach dem höchsten Temperaturniveau von 800 °C waren die Glasfasern nicht mehr zu testen. Bei den Stahlfasern nimmt die Bruchspannung und Bruchdehnung bis 600 °C leicht zu und fällt bei 800 °C ab. Daraus lässt sich für die Verarbeitung des FAUSST Textils ableiten, dass die Glasfasern während des Schweißprozess nicht mehr als 200 °C ausgesetzt werden sollten.

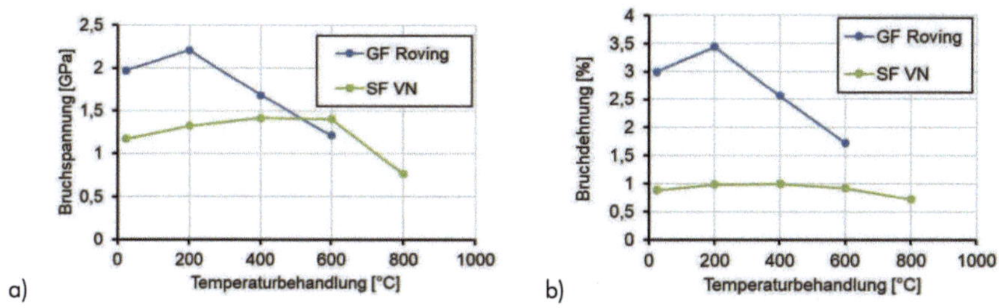

Abbildung 35: Einfluss der Temperatur auf die Bruchspannung und Bruchdehnung der verwendeten Fasern im FAUSST-Textil

Neben den Untersuchungen am FAUSS-Textil, erfolgten auch Tests an gefertigten Probenkörper mit dem FAUSST-Verbindungssystem. Dabei wurden dem FIBRE die Probekörper von Projektpartnern zur Verfügung gestellt, siehe Abbildung 36.

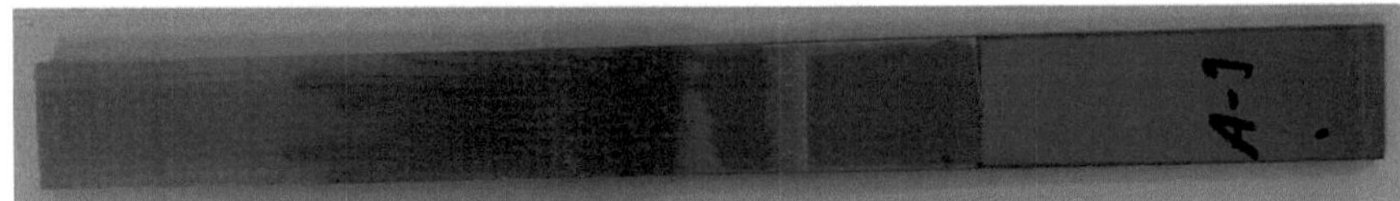

Abbildung 36: Probekörper FAUSST-Verbinder

Computertomographie (CT) Aufnahmen der FAUSST-Verbinder wurden durchgeführt, um die Anbindung zwischen GFK und Stahl zu untersuchen. Es zeigt sich, dass es im hybriden Übergangsbereich zu einer Querschnittsveränderung sowie zu einer Änderung der Orientierung der Glasfasern kommt, siehe Abbildung 37.

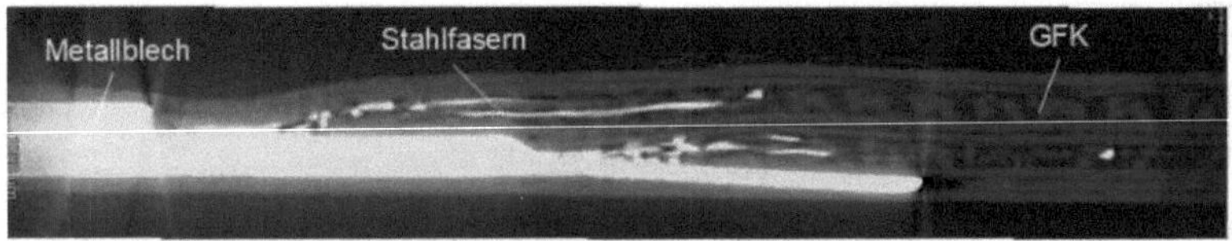

Abbildung 37: CT Aufnahme des FAUSST Verbinders

Mittels Schliffbildern aus der Fügezone der FAUSST-Proben wurde die Komprimierung der Stahlfasern im Textil bewertet, siehe Abbildung 38. Die Ausgangsdicke des Stahlfasertextils beträgt 1,06 mm. Durch den Schweißvorgang erfolgt eine Komprimierung auf 0,29 mm, was 27 % der Ausgangsdicke entspricht. Durch diese Dickenänderung entsteht zudem eine Verschiebung der Stahlfasern um 14°.

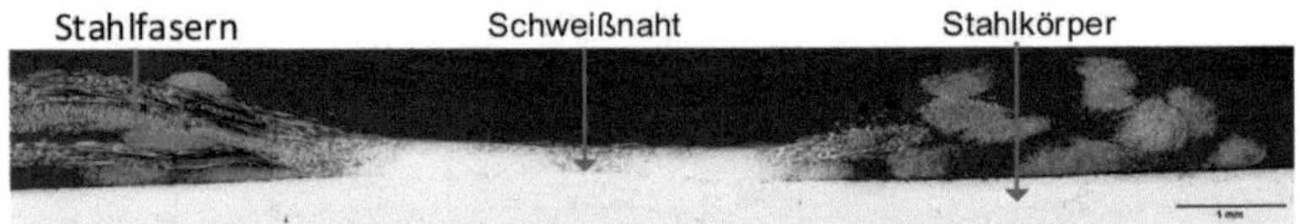

Abbildung 38: Schliffbild Schweißnaht in FAUSST Verbinder

Neben quasistatischen Zugversuchen an den FAUSST-Probekörpern, zur Bewertung der mechanischen Eigenschaften, wurden die Ermüdungseigenschaften unter zyklischer Belastung bestimmt. Hierfür wurden die FAUSST-Prüfkörper in unterschiedlichen Laststufen bei einer Frequenz von 8 Hz getestet. Dabei konnten 10^6 Zyklen mit einem Lastniveau von 108 MPa bzw. 100 MPa erreicht werden. Dies entspricht bezogen auf die quasi-statischen Zugversuche 40 % bzw. 37 % der erreichten Festigkeit. Ein Einfluss des Klimawechseltests PV 1200 auf die Proben konnte, im Vergleich zu normalen unbehandelten Proben, nicht nachgewiesen werden, siehe Abbildung 39.

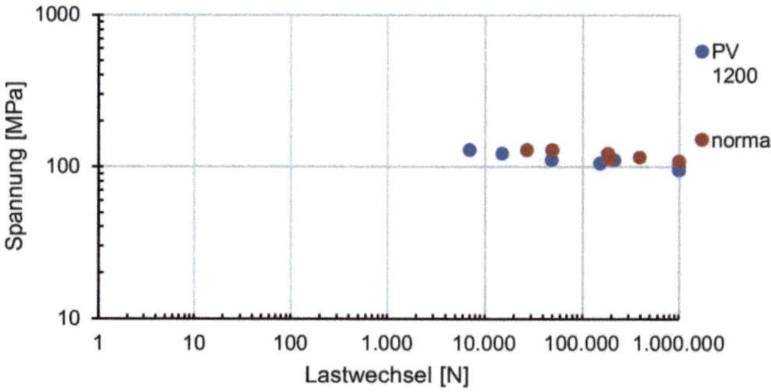

Abbildung 39: Ermittelte Festigkeit der FAUSST Probekörper unter zyklischer Belastung

Während der Bestimmung der Ermüdungseigenschaften unter zyklischer Belastung wurden die Temperatur der FAUSST Prüfkörper aufgezeichnet. Hierbei zeigte sich, dass eine Erwärmung der Prüfkörper immer im Übergangsbereich zwischen Metall und GFK auftritt, siehe Abbildung 40. Da eine zu hohe Temperatur die Ermüdungseigenschaften von GFK herabsetzt wurde versucht eine so geringe Erwärmung wie möglich an den Proben zugelassen und die Testfrequenz auf 8 Hz festgelegt.

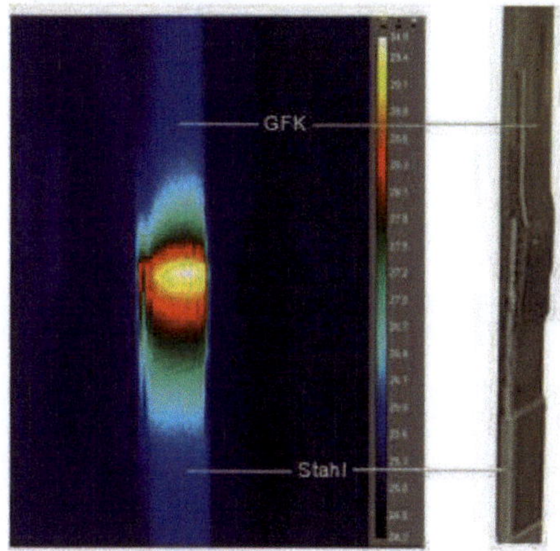

Abbildung 40: Erwärmung des FAUSST-Probekörpers durch zyklische Belastung

Lochbleche

Im Rahmen des AP 400 wurden, neben dem hybriden TFP Verbindungselement, unterschiedliche Varianten eines lokalen Verbindungselements betrachtet. Diese Varianten basieren entweder auf dem FAUSST-Gewirk (a, b, c) oder auf einem Lochblech/Gitter (d, e, f). Eine mechanische Charakterisierung erfolgte anhand von Pull-Out-Tests im Labor des FIBRE. Eine Auswahl der unterschiedlichen Varianten ist in

Abbildung 41 dargestellt.

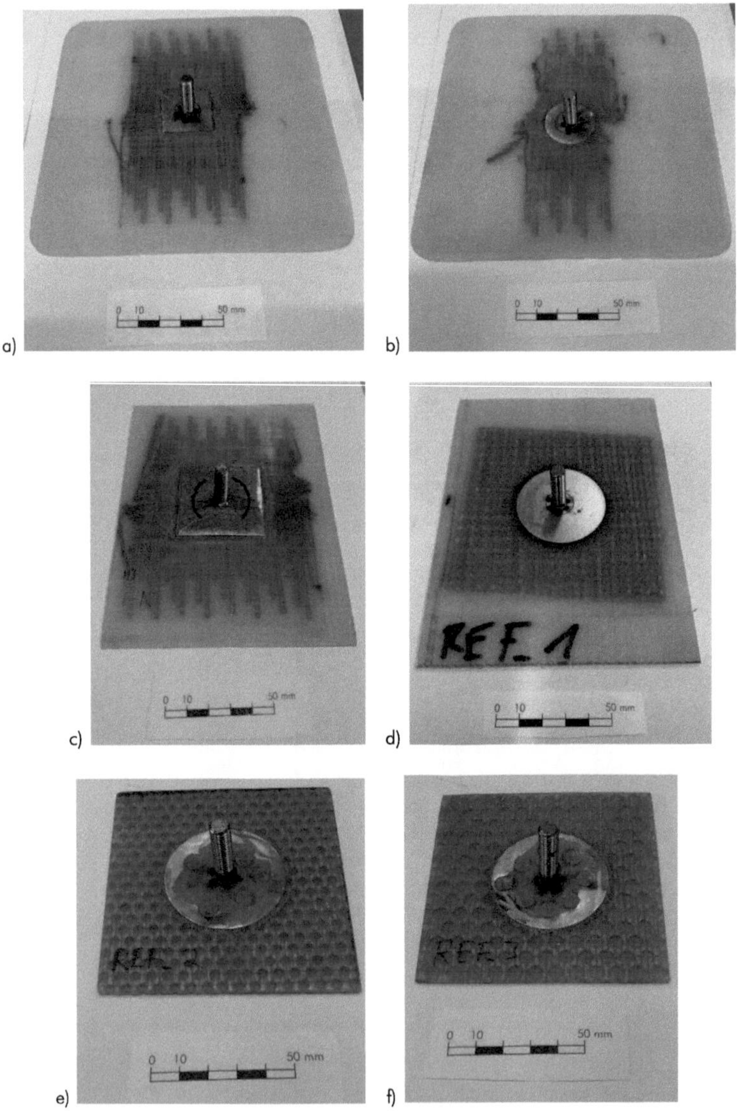

a) b)

c) d)

e) f)

Abbildung 41: Unterschiedliche Varianten des hybriden lokalen Verbindungselements: a) FAUSST 1; b) FAUSST 2, c) FAUSST 3; d) REF 1; e) REF 2; f) REF 3

Bei den Pull-Out-Versuchen mit M8 Bolzen zeigen die Verbindungselement mit FAUSST-Gewirk deutlich niedrigere Auszugskräfte und erreichen maximal 3 kN. Die Verbindungselemente mit einem vernähten Gitter (REF 1) und vernähten Lochblechen (REF 2 und 3) erreichen mit maximal 13 kN deutlich höhere Auszugskräfte und übertreffen dabei auch das hybride TFP-Verbindungselement mit 6,8 kN. Die Ergebnisse der Pull-Out-Versuche sind in Abbildung *42* dargestellt.

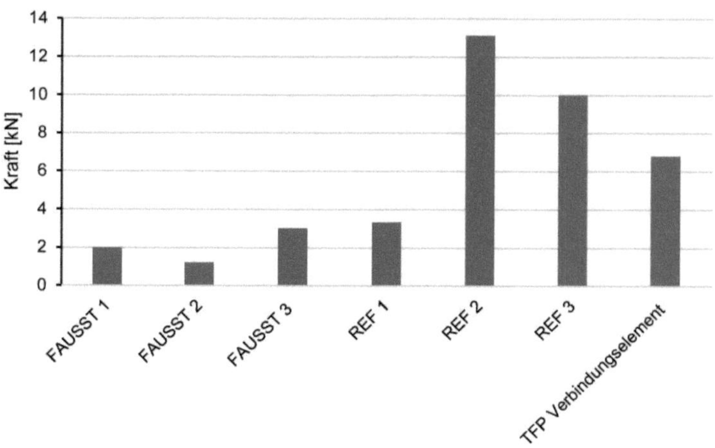

Abbildung 42: Erreichte Auszugskräfte in den Pull-Out-Versuchen

<u>Brandversuche</u>

Im Rahmen von HyFiVE wurden unterschiedliche Brandversuche im Unterauftrag durchgeführt. Diese reichen von Tests an ebenen Platten bis zu Tests an Demonstratorstrukturen im 1:1 Maßstab.

Das Brandverhalten stellt eine wichtige Kenngröße zum Charakterisieren der hybriden Verbindung dar. Das Faserinstitut verfügt jedoch nur über Einrichtungen und Ausstattungen zum Durchführen von „Kleinbrenntests", mit einer Probengröße von 360 mm x 100 mm. Die Brandversuche der Unterauftragnehmer setzen die Erstellung einer Prüfspezifikation voraus, die im Projekt entwickelt wurde. Schließlich wurden mehrere Brandversuche in Anlehnung an FTP Code 2010 Part 3 durchgeführt. In Abbildung 43 sind eine exemplarische Sandwichsystem PIR Variante LEO Coated (interne Bezeichnung 2b) mit Abmessungen B x H = 500 x 500 mm, d = 30 mm für eine Prüfung in der Einbausituation vertikal und die getestete Probe dargestellt.

Abbildung 43: Brandversuch Variante Sandwichsystem LEO Coated 2b 500 x 500 mm

Es konnte gemäß DIN EN 45545-2 eine Klassifizierung R1 HL2, R7 HL und R17 HL2 erreicht werden. Mit Brandversuchen an einem Container mit 2 x 2 m Paneelen konnte nachgewiesen werden, dass die FAUSST-Verbinder in Kombination mit dem LEO System einen durch Heptan verursachten Feuer von über 1200 °C standhalten.

2.1.5 AP 500 Optimierung Berechnung - Design - Herstellung + Erstellen Methodik und Vorschriften + Evaluierung im schiffbaulichen Maßstab

Ziele des Arbeitspakets:

- Erkenntnisse aus der Berechnungsmethodik (AP 200) mit denen der Untersuchung (AP 300 und AP 400) zu vereinen
- Weitere Entwicklungen und Modifikationen auf Basis der Erkenntnisse für die Methoden und Prozesse in den Bereichen Berechnung, Herstellung, Integration, Prüfung und Qualitätssicherung betrieben werden
- Weiterentwicklung an den Methoden und Prozessen mit Fokus auf die schiffbaulichen Anforderungen weiterentwickelt
- Bau und Evaluierung der Demonstratoren (Container) im schiffbaulichen Maßstab

Im Projekt erzielte Ergebnisse:

- Ergebnisse der AP 200 und AP 300 / 400 zusammenführen und optimieren
- Methodenkonzeption zur Berechnung, Prüfung und Qualitätssicherung für hybride Verbindungselemente im Schiffbau
- Umsetzung der Erkenntnisse über Prozesse und Methodik der Verbindungstechnologien und Varianten in der Produktion und Integration in FVK-Strukturen in Demonstratoren (Container)
- Versuche aus der Großausführung werden evaluiert und zusammen mit den Erfahrungen aus dem Einsatz der Verbindungstechnik im Maßstab der schiffbaulichen Anwendungen dokumentiert

Detaillierte technische Beschreibung der vom FIBRE durchgeführten Arbeiten

<u>Hybrides TFP-Fügelemente</u>

Das hybride TFP-Fügeelement wurde hinsichtlich der Ablage der Stahlfasern weiterentwickelt. Neben Stickgrund aus Glasfasern wird im weiteren Vorgehen ein Stickgrund aus CF-Vlies verwendet. Dieser ermöglicht ein direktes Anschweißen der metallischen Grundplatte durch das Vlies hindurch. Aufgrund der Ergebnisse der vorrangegangen Pull-Out-Versuche, erfolgten Anpassungen an der Anzahl der Schweißpunkte und Stahlfaserlagen. Durch die Tendenz einer größeren Kraftaufnahme bei mehr Schweißpunkten wurde die Anzahl dieser auf bis zu 8 erhöht. Als Stickgrund für die Ablage der Stahlfasern wurde ein Kohlenstofffaservlies mit dem Flächengewicht von 30 g/m^2 verwendet. Durch die elektrische Leitfähigkeit der Kohlenstofffasern können die Schweißpunkte direkt durch das Vlies gesetzt werden. Die erreichten maximalen Kräfte in den Pull-Out-Versuchen sind in Abbildung 44 für die Stahlfasern BU und in Abbildung 45 für die Stahlfasern VK dargestellt. Bis auf eine Ausnahme lässt sich feststellen, dass durch eine doppelte Lagenanzahl sowie die eine höhere Anzahl an Schweißpunkten die maximale Kraft gesteigert wird. Dies trifft bei beiden Stahlfasertypen zu. Die Verbindungen mit den Stahlfasern VK zeigen jedoch insgesamt wesentlich höhere Kräfte und erreicht in der Konfiguration von zwei Lagen mit 8 Schweißpunkten eine maximale Kraft von 6,8 kN.

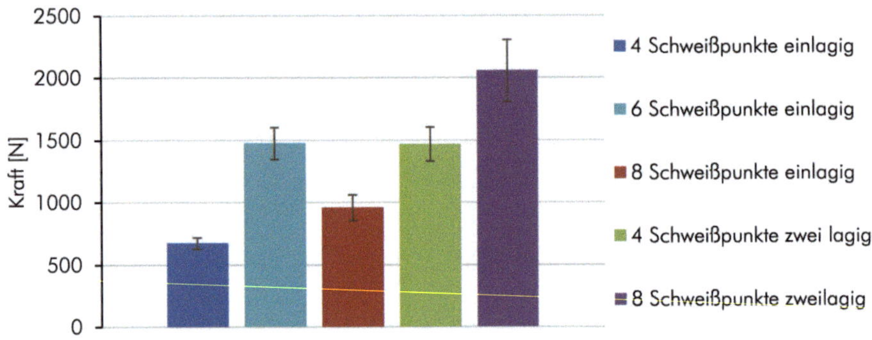

Abbildung 44: Erreichte maximale Kräfte in Abhängigkeit der Lagenanzahl und Schweißpunkte bei den Pull-Out-Versuchen mit Stahlfasern BU

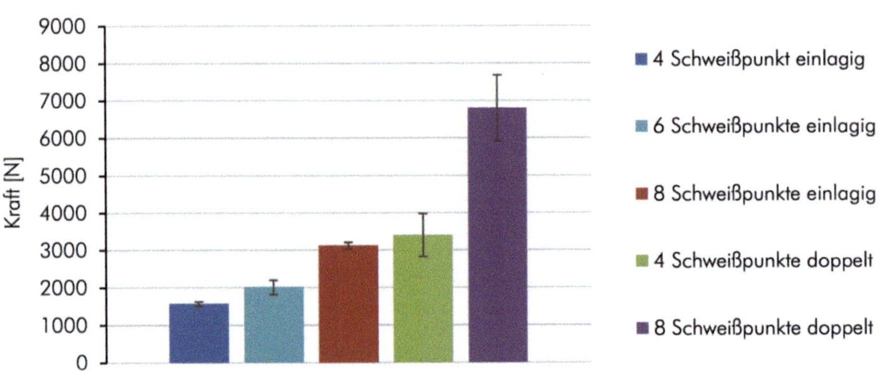

Abbildung 45: Erreichte maximale Kräfte in Abhängigkeit der Lagenanzahl und Schweißpunkte bei den Pull-Out-Versuchen mit den Stahlfasern VK

Nach den Pull-Out-Versuchen erfolgte eine Bewertung des Versagens der hybriden Verbindung durch makroskopische Aufnahmen der Bruchflächen und insbesondere der Schweißpunkte. Die Aufnahmen sind exemplarisch für eine doppellagige Verbindung mit beiden Stahlfasertypen in Abbildung 46 dargestellt. Bei den Stahlfasern BU erfolgt das Versagen durch einen Bruch der Stahlfasern am Übergang zur Schweißzone. Dieser wird von der Faser getrennt und verbleibt an der Grundplatte. Bei den Stahlfasern VK Versagen die

Stahlfasern ebenfalls am Übergang zur Schweißzone, jedoch nur an den äußeren Seiten. Im inneren erfolgte eine komplette Delamination des gesamten hybriden Patches (Stahlfasern mit CF-Vlies) von den Glasfaserlagen. Das Versagen tritt auf einer größeren Fläche auf. Dies erklärt auch die größeren erreichten Maximalkräfte der Verbindung mit Stahlfasern VK.

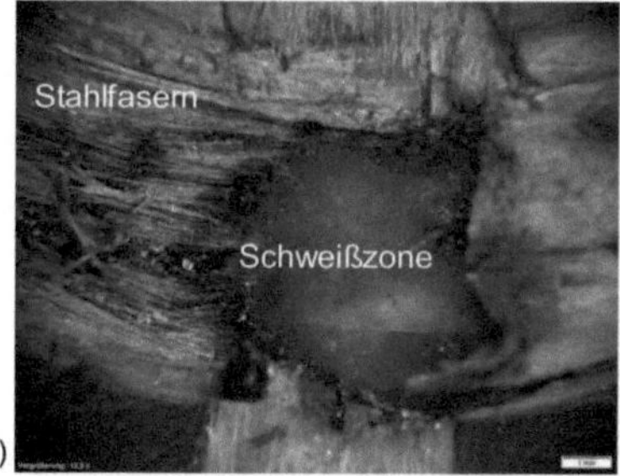

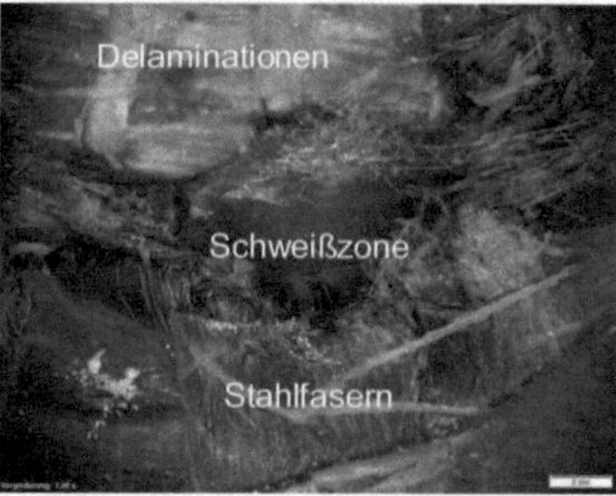

Abbildung 46: Bruchverhalten der hybriden Verbindung mit doppelter Lage Stahlfasern: a) Verbindung mit Stahlfasern BU; b) Verbindung mit Stahlfasern VK

Neben weiteren Pull-Out-Versuchen mit unterschiedlichen Stahlfasertypen, Lagen und Orientierungen wurden auch Proben für den Shear-Out-Test entwickelt und gefertigt, siehe Abbildung 47.

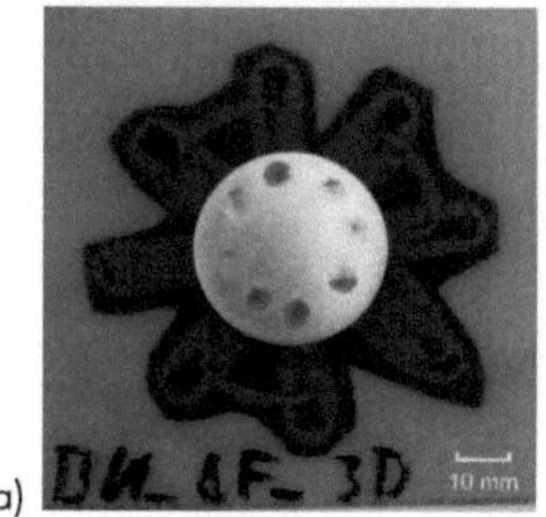

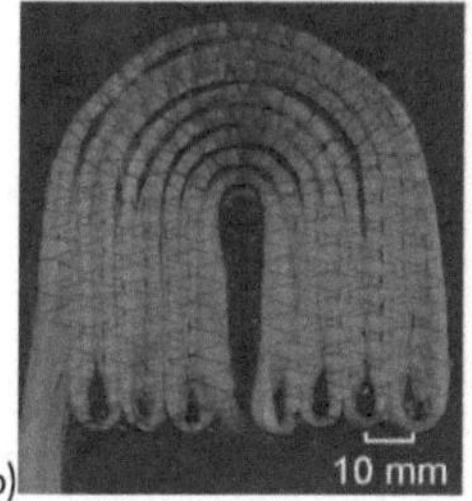

Abbildung 47: Weiterentwickelte hybride TFP Verbindungselemente: a) Pull-Out-Probe mit CF-Vlies als Stickgrund; b) Preform mit VK Stahlfasern für Shear-Out-Versuche

Die Tendenz der zu höheren Maximalkräften bei einer größeren Anzahl an Schweißpunkten und Lagenanzahl der Stahlfaser, tritt auch bei den Pull-Out-Proben auf. Daher wird im weiteren Verlauf nicht weiter darauf eingegangen.

Durch die in den Versuchen erzielten Ergebnisse wurde die Variante Geometrie 7 aus VK Stahlfasern mit 8 Schweißpunkten für die Umsetzung in der Demonstratorstruktur in Form eines 20 Fuß Containers ausgewählt. In Ihren Abmessungen eignet sich diese Variante optimal als Punktanbindung für bspw. Versorgungsleitungen.

FAUSST

Der Projektpartner ar engineers benötigt zur Berechnung des gesamten FAUSST-Verbinders und zur Auslegung von Bauteilen mit FAUSST, Materialkennwerte des FAUSST-Textils. Diese wurden vom FIBRE mittels Zugversuchen, Druckversuchen und interlaminaren Scherfestigkeitsversuchen ermittelt. Zunächst wurden Prüfkörper aus dem FAUSST-Textil mittels Vakuuminfusionsverfahren und dem Epoxidharz RIMR 135 gefertigt. Im FAUSST Textil wurden die Bereiche mit reinen Glasfasern und der hybride Bereich aus Glasfasern mit Stahlfasern betrachtet. Der Bereich aus reinen Stahlfasern konnte nicht getestete werden, da dieser zu klein ist, um daraus Prüfkörper für mechanische Versuche zu fertigen. Der Versuchsaufbau sowie die Prüfkörper für Zugversuche sind in Abbildung 48 dargestellt. Die Ergebnisse der Zugversuche, Druckversuche und interlaminaren Scherfestigkeitsversuche sind in Abbildung 49, Abbildung 50 und Abbildung 51 zu sehen.

a)

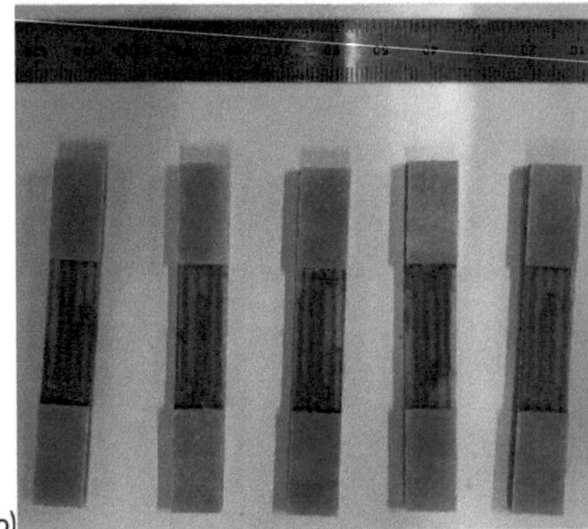
b)

Abbildung 48: a) Versuchsaufbau Zugversuche; b) Probekörper Zugversuche aus Hybridbereich mit 0° Orientierung

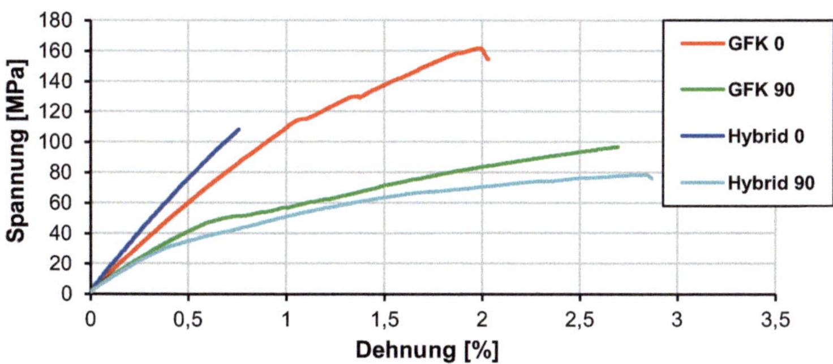

Abbildung 49: Spannungs-Dehnungs-Diagramm der Zugversuche

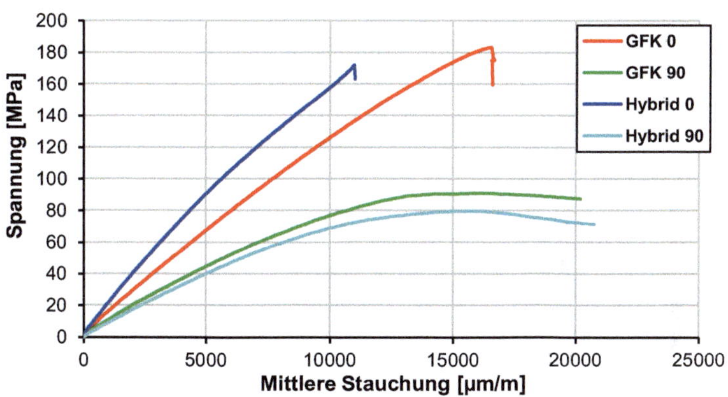

Abbildung 50: Spannungs-Dehnungs-Diagramm der Druckversuche

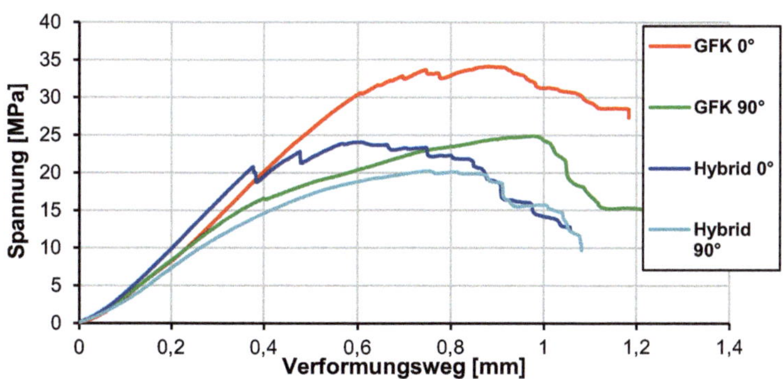

Abbildung 51: Spannungs-Weg Diagramm der interlaminaren Scherfestigkeits-Versuche

Im Rahmen des AP 500 erfolgte seitens Fritz Molls eine Optimierung des FAUSST-Gewirks. Das Faserinstitut führte Untersuchungen zur Charakterisierung der unterschiedlichen FAUSST-Varianten durch. Die erste Optimierung bezieht sich auf die Verwendung von Light Lube K3 anstatt Öl als Hilfsmittel bei der textilen Verarbeitung (Schlichte). Aufgrund der bereits durchgeführten Fiber-Pull-Out-Versuche ist davon auszugehen, dass das Öl auf den Fasern negative Eigenschaften im späteren Faserverbundwerkstoff hervorruft. So wurde die Grenzflächenscherfestigkeit in den vorherigen Versuchen herabgesetzt. Daher sollte das Öl auf den Stahlfasern unbedingt subsituiert werden. Die Eigenschaften des alternativ verwendeten Light Lube K3 sind im Zusammenhang mit Faserverbundwerkstoffen jedoch noch nicht ausreichend bekannt. Zum Testen der mechanischen Eigenschaften wurden zunächst Proben des FAUSST-Gewirks im Vakuuminfusionsverfahren mit den Epoxidharz RIMR 135 gefertigt. Durch Zugversuche an den Proben wurde der Einfluss des Light Lube K3 auf die Festigkeit aufgezeigt. Die Ergebnisse zeigen, dass das Light Lube K3 keinen nachweisbaren Einfluss auf die Festigkeit und somit auch die Faser-Matrix-Anhaftung zeigt, siehe Abbildung 52.

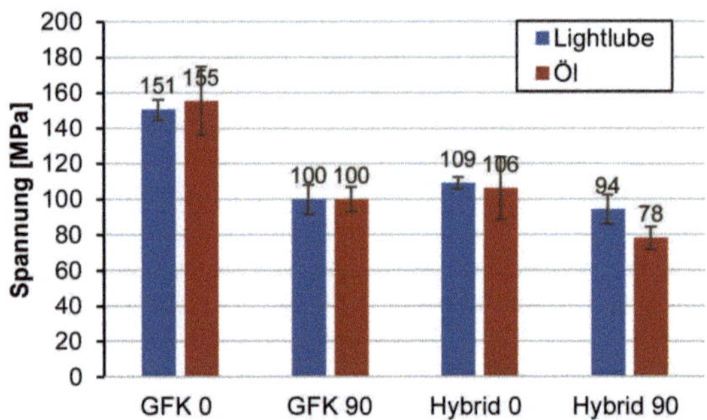

Abbildung 52: Ergebnisse Zugversuche an FAUSST Gewirk mit unterschiedlichen Hilfmitteln Öl und Light Lube K3

Die zweite Optimierung des FAUSST Gewirks betrifft den textilen Aufbau und die Breite des Gewirks. So wurde die Fadendichte verringert, um das Flächengewicht des Textils zu reduzieren und die Breite verringert, da das Versagen der gefertigten Probekörper immer im Stahlfaserbereich auftritt. Ein großer reiner Glasfaserbereich erscheint daher nicht notwendig und eine Reduzierung dessen führt zu einem verringerten Gewicht sowie verringerten Kosten. Die optimierten Varianten sind als gelb, grün und blau bezeichnet. Zunächst wurden die Flächengewichte des Gesamttextils sowie der einzelnen Bereiche bestimmt, siehe Tabelle 6. Es ist ein deutlicher Unterschied zwischen dem Gesamtflächengewicht der einzelnen Varianten sowie der unterschiedlichen Faserbereiche erkennbar.

Tabelle 6: Ermittelte Flächengewichte der FAUSST Varianten

	Variante		
Flächengewicht [g/m²]	**Gelb**	**Grün**	**Blau**
Gesamt	1257	1190	873
Glasfaser	976	987	499
Hybrid	1220	1252	721
Stahlfaser	2050	1653	1657

Makroskopische Aufnahme der unterschiedlichen FAUSST Varianten verdeutlichen die unterschiedliche Fadendichte der verschiedenen Varianten, siehe Abbildung 53.

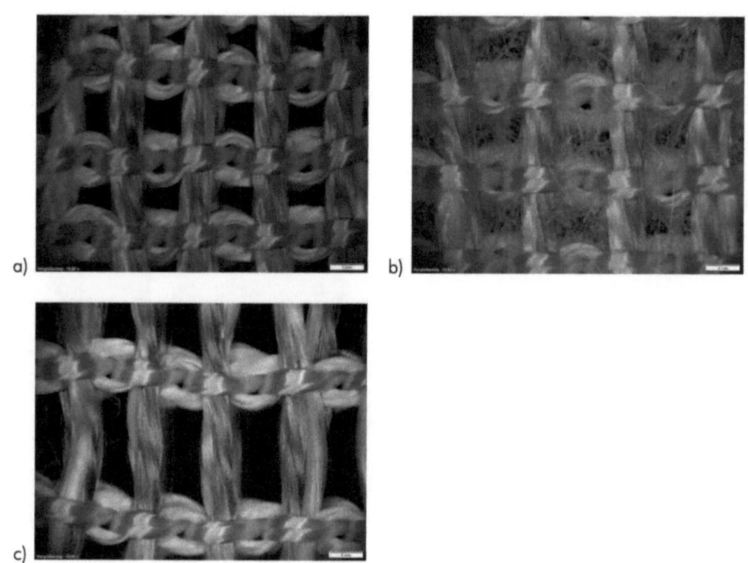

Abbildung 53: Makroskopische Aufnahmen des FAUSST Varianten im Hybridbereich aus Stahl- und Glasfasern: a) gelb; b) grün; c) blau

Zum Bewerten der mechanischen Eigenschaften der unterschiedlichen optimierten FAUSST-Varianten wurden Zugversuche an im Vakuuminfusionsverfahren hergestellten Prüfkörpern durchgeführt. Die Ergebnisse sind in Abbildung 54 dargestellt. Die Ergebnisse zeigen, das Variante gelb mit den höchsten

Flächengewichten, auch die höchsten Zugeigenschaften aufweist, da hier der Faseranteil im Verbund am höchsten ist.

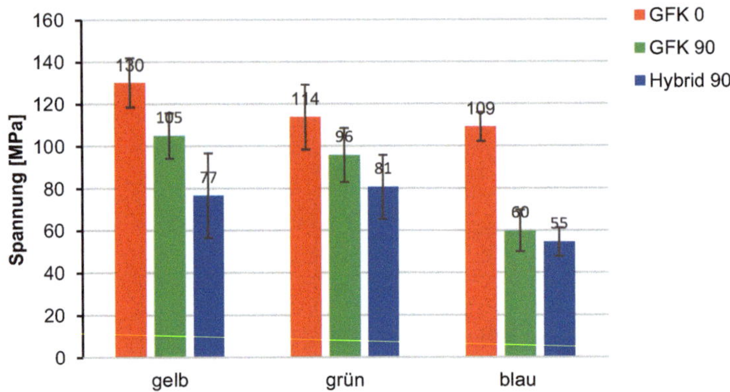

Abbildung 54: Ergebnisse Zugversuche unterschiedliche Varianten FAUSST Gewirk

Evaluierung im schiffbaulichen Maßstab und Brandversuche

Auf Demonstratorebene wurde Brandtest in der Größe 2 x 2 x 2 m Container als auch 20 ft Container getestet. Die unterschiedlichen Verbindungselemente von HyFiVE wurden hier eingebracht. In Abbildung 55 sin die lokale Lasteinleitungselemente Lochblech (links) und SF-TFP-Patch (rechts) dargestellt.

Abbildung 55: lokale Lasteinleitungselemente für das Validierungsobjekt

Abbildung 56 und Abbildung 57 zeigen die Container im Aufbau und beim Brandversuch.

Abbildung 56: Validierungsobjekt im 1:1 Maßstab vor Brandversuch

Abbildung 57: 20" Container Brandversuch

Umfangreiche Details zu den Brandversuchen sind in den Berichten der Partner Saertex und Hyconnect zu entnehmen.

2.2 Voraussichtlicher Nutzen und Verwertbarkeit der Ergebnisse

Im Verlauf dieses Projekts wurden bedeutende Fortschritte erzielt, die zur Erfüllung der Ziele beigetragen haben. Zunächst konnten erfolgreich leistungsfähige, lastgerechte und klebefreie Verbindungselemente entwickelt und charakterisiert werden, die speziell für den maritimen Einsatz konzipiert wurden. Diese Innovation stellt einen wichtigen Schritt in Richtung zuverlässigerer maritimer Verbindungstechnologien dar. Des Weiteren wurde ein hybrider TFP-Preform entwickelt, hergestellt und charakterisiert, wobei gezielt zwei Typen von Stahlfasern eingebracht und angeschweißt wurden. Dies ermöglicht eine verbesserte Leistungsfähigkeit und Anpassungsfähigkeit in maritimen Anwendungen. Auf der Grundlage der im Vorhaben gewonnen Erkenntnisse kann eine Skalierung der hybriden TFP-Verbindungselemente vorgenommen werden. Dabei kann die Ablage der Stahlfasern mittels TFP-Anlage nach oben skaliert werden und die notwendigen Stickdateien dementsprechend angepasst werden. Ebenso kann die metallische Grundplatte in ihrer Größe skaliert werden. Es bietet sich an, beim Widerstandpunktschweißen von einer Punktelektrode auf eine Ringelektrode zu wechseln. Damit kann zum einen eine größere Anbindungsfläche zwischen Stahlfasern und Verbindungsgrundplatte erzielt werden, zum anderen wird der Prozess vereinfacht, da nicht jeder Punkt einzelnen geschweißt werden muss. Die Ermittlung des Einflusses des Fügeprozesses auf die textile Struktur war von entscheidender Bedeutung, um sicherzustellen, dass die entwickelten Verbindungselemente den Anforderungen gerecht werden. Dabei konnte aufgezeigt werden, dass bei hybriden Textilien wie den FAUSST-Gewirken keine signifikante Schädigung in Folge des Fügeprozesses auftreten. Auf zwei Prozesse ist dabei besonders zu achten. Zum einen sollte eine Ölschlichte in der textilen Fertigung vermieden werden. Zum anderen muss beim Schweißvorgang darauf geachtet werden, dass die Glasfasern mit nicht zu stark thermisch belastet werden (< 200 °C), da sonst die Festigkeit dieser signifikant abnimmt. Ein weiterer Meilenstein des Projekts bestand in der Entwicklung eines einheitlichen Prüfstandards und Geometrien für hybride Verbindungen, was die Vergleichbarkeit und Zuverlässigkeit von Tests in diesem Bereich erhöht. Diese Prüfstandards sind stark an bereits existierende Normen zum Testen von FVK Proben angelehnt. Schließlich wurde mittels FEM Simulationsmodellen die Auslegung der hybriden TFP-Verbindungselemente entwickelt, dass es ermöglicht, die Leistung und das Verhalten dieser Verbindungen unter verschiedenen Bedingungen vorherzusagen und zu optimieren. Diese Erfolge tragen erheblich zur Weiterentwicklung und Verbesserung der maritimen Verbindungstechnologie bei.

2.3 Fortschritt auf dem Gebiet des Vorhabens bei anderen Stellen

Während der Projektlaufzeit konnte kein Fortschritt an anderen Stellen bei der Entwicklung von hybriden Verbindungen im TFP-Verfahren und Analyse der Auswirkungen des Fügeprozesses auf textile Strukturen festgestellt werden.

2.4 Erfolgte oder geplante Veröffentlichungen der FE Ergebnisse

Die unten aufgeführten Veröffentlichungen sind während der Projektlaufzeit durch das FIBRE erfolgt:

- M. Westermann: "Untersuchung der mechanischen Eigenschaften von im Tailored Fiber Placement-Verfahren abgelegter Stahlfasern." Bachelorarbeit Hochschule Niederrhein, 2020
- A. Marx, P. Schiebel: "Hybrid material load introduction elements and reinforcing structures for FRP using tailored fiber placement technology". Vortrag am 05.04.2022 beim CU Innovation Day „Tailored Structures"
- A. Marx, P. Schiebel: „HyFiVE – hybride Verbindung zwischen GFK und Stahl für den Schiffbau." Vortrag am 16.05.2022 bei dem MariLight-Gesamtnetzwerktreffen 2022 in Papenburg
- L. Bothur: „Einfluss verschiedener Stahlfasern auf die mechanischen Eigenschaften eines SF-/GF-Hybridverbundes." Masterarbeit Universität Bremen, 2022
- A. Marx, P. Schiebel, A. Herrmann: "Manufacturing and properties of hybrid composites of continuous steel and glass fibers made by tailored fiber placement." Proceedings of the 20th european conference on composite materials - composites meet sustainability (2022) Vol 1: Materials.

Folgende weitere Veröffentlichungen sind gegenwärtig geplant:

A. Marx (FIBRE): "Novel Approach of Metal Inserts for FRP by Resistance Spot Welding of Steel Fibers", Applied Composite Materials

A. Marx (FIBRE): "Beitrag zur Auslegung und Charakterisierung von schweißbaren Stahlfaser-Lasteinleitungselementen in Glasfaserkunststoffverbundstrukturen", Dissertation, Universität Bremen

3. Literaturverzeichnis

[1] F. Rubino, A. Nistico, F. Tucci, P. Carlone, Marine Application of Fiber Reinforced Composites: A Review, *J. Mar. Sci. Eng.* 2020, 8(1), 26; https://doi.org/10.3390/jmse8010026

[2] C. Cherif, Textile materials for lightweight constructions: Technologies - methods - materials – properties. 2016. doi: 10.1007/978-3-662-46341-3

[3] P. Mattheij, K. Gliesche, und D. Feltin, „Tailored Fiber Placement-Mechanical Properties and Applications", Journal of Reinforced Plastics and Composites, Bd. 17, Nr. 9, S. 774–786, Juni 1998, doi: 10.1177/073168449801700901

[4] K. Arnaut, P. Schiebel, A. Lang, und A. S. Herrmann, „Reinforcement Elements Aligned with the Direction of Forces for Load Transfer Areas of Long-Fiber-Reinforced Thermoplastic Components", Materials Science Forum, Bd. 825–826, S. 779–786, Juli 2015, doi: 10.4028/www.scientific.net/MSF.825-826.779

[5] Y. Swolfs, L. Gorbatikh, und I. Verpoest, „Fibre hybridisation in polymer composites: A review", Compos Part A Appl Sci Manuf, Bd. 67, S. 181–200, 2014, doi: 10.1016/j.compositesa.2014.08.027

[6] M. G. Callens, L. Gorbatikh, und I. Verpoest, „Ductile steel fibre composites with brittle and ductile matrices", Compos Part A Appl Sci Manuf, Bd. 61, S. 235–244, 2014, doi: 10.1016/j.compositesa.2014.02.006

[7] Y. Swolfs, I. Verpoest, und L. Gorbatikh, „Recent advances in fibre-hybrid composites: materials selection, opportunities and applications", International Materials Reviews, Bd. 64, Nr. 4, S. 181–215, 2019, doi: 10.1080/09506608.2018.1467365

[8] K. Allaer, I. De Baere, P. Lava, W. Van Paepegem, und J. Degrieck, „On the in-plane mechanical properties of stainless steel fibre reinforced ductile composites", Compos Sci Technol, Bd. 100, S. 34–43, 2014, doi: 10.1016/j.compscitech.2014.05.009

[9] B. Hannemann, S. Backe, S. Schmeer, F. Balle, U. P. Breuer, und J. Schuster, „Hybridisation of CFRP by the use of continuous metal fibres (MCFRP) for damage tolerant and electrically conductive lightweight structures", Compos Struct, Bd. 172, S. 374–382, Juli 2017, doi: 10.1016/j.compstruct.2017.03.064

[10] R. Luterbach und L. Molter, „Verbindungselement für Faserverbund- und Stahlstrukturen", lightweight desgin, Bd. 2, Nr. 11, S. 18–20, 2018

FSC
www.fsc.org
MIX
Papier aus verantwortungsvollen Quellen
Paper from responsible sources
FSC® C105338